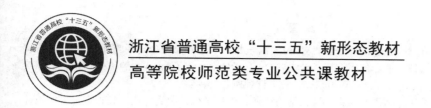

浙江省普通高校"十三五"新形态教材

高等院校师范类专业公共课教材

Animate 交互动画课件设计与制作

邱相彬　主编

电子工业出版社

Publishing House of Electronics Industry

北京·BEIJING

内 容 简 介

《Animate交互动画课件设计与制作》由浅入深、循序渐进地介绍了Adobe公司新推出的动画制作软件——中文版Animate的基本操作方法和使用技巧。全书共分6章，分别介绍了Animate的基础知识、基础工具使用、演示动画制作、3D动画制作、交互动画制作，综合课件制作等内容。

《Animate交互动画课件设计与制作》内容丰富、结构清晰、语言简练、图文并茂，具有很强的实用性和可操作性，是一本适合高等院校及各类社会培训学校相关课程教学的教材，也是适合广大初中级多媒体学习者的自学参考书。

图书在版编目（CIP）数据

Animate 交互动画课件设计与制作 / 邱相彬主编. —北京：电子工业出版社，2021.9
ISBN 978-7-121-41918-8

Ⅰ. ①A… Ⅱ. ①邱… Ⅲ. ①动画制作软件－高等学校－教材 Ⅳ. ①TP391.414

中国版本图书馆 CIP 数据核字（2021）第 177740 号

责任编辑：刘　芳
印　　刷：大厂回族自治县聚鑫印刷有限责任公司
装　　订：大厂回族自治县聚鑫印刷有限责任公司
出版发行：电子工业出版社
　　　　　北京市海淀区万寿路 173 信箱　　邮编：100036
开　　本：787×1 092　1/16　印张：11.25　字数：284.8 千字
版　　次：2021 年 9 月第 1 版
印　　次：2023 年 3 月第 3 次印刷
定　　价：49.00 元

凡所购买电子工业出版社图书有缺损问题，请向购买书店调换。若书店售缺，请与本社发行部联系，联系及邮购电话：（010）88254888，88258888。

质量投诉请发邮件至 zlts@phei.com.cn，盗版侵权举报请发邮件至 dbqq@phei.com.cn。

本书咨询联系方式：（010）88254507，liufang@phei.com.cn。

前　言

Animate CC 由原 Adobe Flash Professional CC 更名而来，在支持 Flash SWF 文件的基础上，增加了对 HTML5 的支持，是一款功能强大的交互式矢量动画制作软件。Animate 为网页开发者提供更适合现有网页应用的音频、图片、视频、动画等，具有大量的新特性，在继续支持 Flash SWF、AIR 格式的同时，还支持 HTML5 Canvas、WebGL，并通过可扩展架构支持包括 SVG 在内的几乎任何动画格式。可以说，Animate 是当今互联网时代的开发利器，为游戏设计人员、开发人员、动画制作人员及教育内容编创人员提供了更为便捷的创作平台，能充分发挥创作者的创造力和想象力。

Animate 继承了 Flash 的一大特色——交互性，在 Animate 中可以通过加入按钮来控制页面的跳转和链接。Animate 的易用性更强，相较于 Flash，Animate 添加了操作码向导，增强了时间轴、图层深度和摄像头等工具，即使是初学者，通过一段时间的学习和摸索后，也可以创造出精彩的动画演示和交互游戏。

随着移动互联网的高速发展，Animate 的技术优势愈加明显，在互联网软件领域，其地位将不断加强。Animate 在教育领域的应用越来越广泛，成为当今大学生必备技能之一。

为满足本专科在校生及自学人士的学习要求，以及各类学校相关课程教学的需要，我们总结了近几年的一线教学案例，从教学和学习实际出发，开发了本教材。本教材由浅入深、由易到难，详细介绍了 Animate 在交互动画制作和综合课件开发两方面的技术和方法。书中设计的实例讲解，不仅能让读者较快地掌握 Animate 技术，达到触类旁通、举一反三的效果，还为读者的开发与设计提供了有价值的参考。

本书共分 6 章：第 1 章为 Animate 基础知识；第 2 章为 Animate 基本工具使用；第 3 章为 Animate 演示动画制作；第 4 章为 Animate 3D 动画制作；第 5 章为 Animate 交互动画制作；第 6 章为 Animate 综合课件制作。

本书具有以下特色：

1．对高校相关课程教学具有针对性，适合任务驱动式教学。

2．书中的实例图文并茂，条理清晰，内容丰富，有的是通用性很强的基础实例，有的是可以在其他课件或动画作品中应用的，可供自学者选择。

3．弥补了现有教材内容的组织编排不够合理、教学方法生硬，以及理论和实践脱节等方面的不足。

本书系 2020 年浙江省普通高校"十三五"新形态教材，也是 2019 年教育部人文社科项目"知识建构论视角下 SPOC 混合式学习模式设计与应用"（19YJC880070）、2020 年教育部产学合作协同育人项目"基于 VR/AR 的教育技术实验平台建设"（202002234058）的研究成果。

最后，感谢参与本书编写的袁晓晨、王继东、王珏、付庆科、李绚兮、殷常鸿、盛礼萍、陈羽洁等，感谢 20190218 班同学对案例和视频的整理，感谢电子工业出版社刘芳编辑对书稿的编辑和校对。恳请各位读者提出意见和建议，我们将不断丰富和完善本教材的内容。

编者

目　录

第 1 章　Animate 基础知识

1.1　Animate 的简介

Animate CC 是一款功能强大的交互式矢量动画制作软件。它广泛应用于游戏、动漫、数字媒体、艺术设计、图形图像、动画及影视等领域。同时，面向游戏设计人员、开发人员、动画制作人员及教育内容编创人员，Animate CC 2018 版推出了激动人心的新功能。使用 Animate 软件可以制作出丰富多彩的动画效果，还可将制作出的动画快速发布到 HTML5 Canvas、WebGL、Flash/Adobe AIR 及 SVG 的自定义平台等，投送到计算机、移动设备和电视机上。

Animate CC 由原 Adobe Flash Professional CC 更名得来，2015 年 12 月 2 日，Adobe 宣布 Flash Professional 更名为 Animate CC，并在 2016 年 1 月份发布新版本时，正式将其更名为 "Adobe Animate CC"，缩写为 An。相对于 Flash 来说，Animate CC 淘汰的只是一个播放器。它拥有大量的新特性，在支持 Flash SWF 文件的基础上，新增了一个 HTML5 的功能，为网页开发者提供更适合现有网页应用的音频、图片、视频、动画等的创作支持。

Animate CC 平面动画的特点是尺寸小，表现力强，互动性好，便于在网络上传输、播放和下载。

1.2　Animate 的安装与卸载

1.2.1　Animate 的安装

（1）下载好安装包后，单击鼠标右键，选择【解压到 "Animate CC 2018"】命令（见图 1-2-1）。

图 1-2-1　解压安装包

（2）双击鼠标打开【Adobe Animate CC 2018】文件夹（见图 1-2-2）。

图 1-2-2　打开文件夹

（3）先断网，找到并右击【Set-up】文件，选择【以管理员身份运行】命令（见图 1-2-3）（注：不断开网络也能安装软件，但是需要登录 Adobe 账号。）

图 1-2-3　运行安装文件

（4）软件正在安装（见图 1-2-4），请耐心等待。

图 1-2-4　软件安装中

（5）若没有账号，单击【以后登录】按钮；若有账号，单击图 1-2-5 所示的【登录】按钮。

图 1-2-5　登录界面

（6）单击图 1-2-6 所示的【接受】按钮。

（7）单击图 1-2-7 所示的【开始试用】按钮。

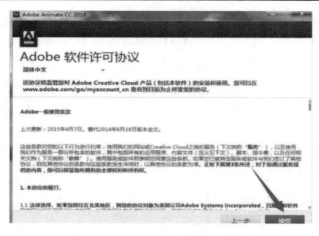

图 1-2-6　Adobe 软件许可协议界面

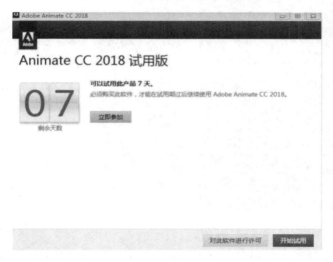

图 1-2-7　试用界面

（8）安装完成后，软件会自动打开（见图 1-2-8），然后单击右上方的关闭按钮，退出软件。

图 1-2-8　软件打开

（9）双击【破解文件】文件夹。

（10）如图 1-2-10 所示，右击【AnCC2018】文件，选择【以管理员身份运行】命令。（注：如果打开文件夹后，软件没有被激活，说明被杀毒软件当病毒处理了，关闭杀毒软件重新解压即可。）

图 1-2-9　打开【破解文件】　　　　　图 1-2-10　以管理员身份运行【AnCC2018】文件

（11）单击图 1-2-11 中的【Install】按钮。

（12）单击【Finish】按钮（见图 1-2-12），安装结束。

 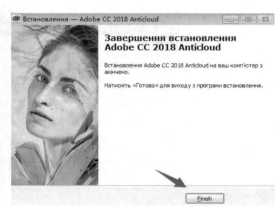

图 1-2-11　运行软件　　　　　　　　　图 1-2-12　安装结束

（13）在【开始】菜单中单击【Adobe Animate CC 2018】命令，打开该软件，如图 1-2-13 所示。

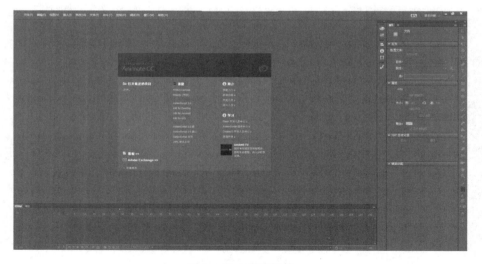

图 1-2-13　打开软件

1.2.2　Animate 的卸载

（1）在桌面上单击【开始】→【控制面板】→【程序】→【卸载程序】按钮，弹出【卸载或更改程序】窗口。

（2）在【卸载或更改程序】窗口选择要卸载的 Adobe Animate CC 程序，单击【卸载】按钮，弹出【程序和功能】窗口，单击【是】按钮。

（3）弹出【删除进度】对话框，等进度条显示为 100%时，即完成卸载。

1.3　Animate 的工作界面

使用 Animate 制作动画前，先要认识其工作界面，Animate 的工作界面主要包括菜单栏、工具箱、时间轴、工作区、功能面板等，如图 1-3-1 所示。

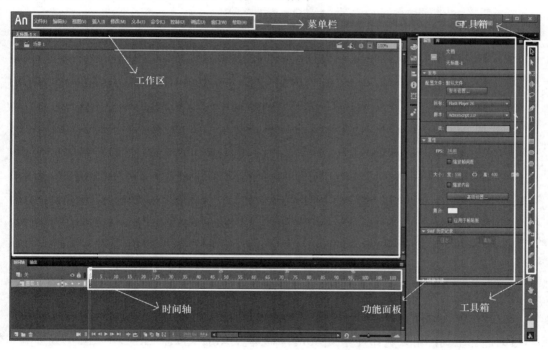

图 1-3-1　Animate 的工作界面

1.3.1　菜单栏

Animate 的菜单栏由 11 个菜单组成，分别是【文件】、【编辑】、【视图】、【插入】、【修改】、【文本】、【命令】、【控制】、【调试】、【窗口】和【帮助】，如图 1-3-2 所示。

图 1-3-2　Animate 的菜单栏

1.3.2　工具箱

　　单击【窗口】→【工具】命令，可以打开或关闭工具箱，如图 1-3-3 所示。Animate 的工具箱中包含一套完整的绘图工具。工具箱分为绘图工具、查看工具、颜色工具和工具选项栏 4 个部分。用鼠标单击工具箱中相应的工具图标，就可以激活该工具。工具箱选项栏会显示当前工具的具体可用设置项，例如，选择箭头工具，与它相对应的属性选项就会出现在工具箱选项栏中。

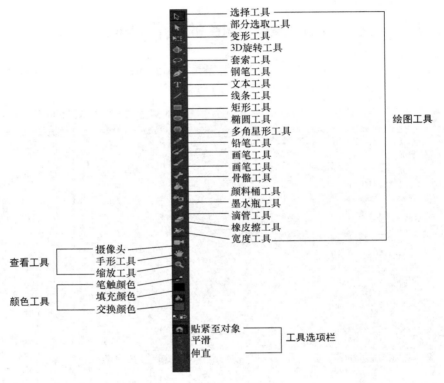

图 1-3-3　工具箱

　　工具箱中各工具的功能如下。

　　（1）选择工具：用来选择目标、修改目标形状的轮廓，按住 Ctrl 键可在轮廓线上添加节点并改变轮廓的形状。

　　（2）部分选取工具：通过调节节点的位置或使用曲柄改变线条的形状。

　　（3）变形工具：包含【任意变形工具】和【渐变变形工具】。使用【任意变形工具】可调整目标对象的大小，进行旋转等变形操作。使用【渐变变形工具】可调整渐变填充色的方向、渐变过渡的距离。

　　（4）3D 旋转工具：实现三维旋转效果。

　　（5）套索工具：套选目标形状。

　　（6）钢笔工具：以节点方式建立复杂选区形状。

　　（7）文本工具：用于输入文字。

　　（8）线条工具：用于画出直线段。

（9）矩形工具：可以建立矩形，基本矩形工具可以建立圆角矩形。

（10）椭圆工具：可以建立椭圆形，基本椭圆工具可以建立任意角度的扇形。

（11）多角星形工具：可以建立多边形和星形。

（12）铅笔工具：用于绘制任意形状的线条。

（13）画笔工具：使用填充色绘制图形。

（14）骨骼工具：可以快速制作一些关节动画。

（15）颜料桶工具：用于填充封闭形状的内部颜色。

（16）墨水瓶工具：用于填充轮廓线条的颜色。

（17）滴管工具：提取目标颜色作为填充颜色。

（18）橡皮擦工具：用于擦除形状。

（19）宽度工具：可以对笔触进行修改。

（20）摄像头：可以实现简单的鼠标跟踪效果，推近、拉远及左右移动镜头。

（21）手形工具：用于移动工作区的视点。

（22）缩放工具：用于放大和缩小视图。

（23）笔触颜色：显示当前绘制线条所用的颜色。

（24）填充颜色：显示当前用来填充形状内部的颜色。

（25）交换颜色：将当前的笔触色与填充色交换。

（26）贴紧至对象：可以将对象沿着其他对象的边缘与它们对齐。

（27）平滑：使形状更为平滑。

（28）伸直：使用伸直画笔模式绘制的曲线会自行转换为一条直线。

1.3.3　时间轴

时间轴用于组织和控制文件内容在一定时间内播放，其中记录了文件的全部动画信息，是制作动画流程的基础。按照功能的不同，时间轴窗口可分为左右两部分：层操作区和帧操作区（即时间线操作区），如图 1-3-4 所示。

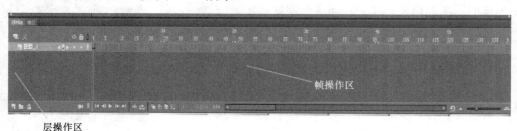

图 1-3-4　时间轴

1.3.4　工作区

新建一个文档后，进入工作界面，即可看到如图 1-3-5 所示的工作区。工作区的布局是可以调整的，可以重新调整各面板的位置、工作区的大小，以及打开某些面板等，还可以使面板浮动和停靠。

（1）在菜单栏选择【窗口】→【工作区】命令，将出现【动画】、【传统】、【调试】、【设计人员】、【开发人员】、【基本功能】、【小屏幕】命令，使用这些命令可以调整工作区和各面板之间的布局。除此之外，可以按照自己的喜好和需求使各面板浮动，也可以手动拖曳，对面板进行组合，使其停靠在合适的位置。

（2）在菜单栏选择【窗口】→【工作区】→【新建工作区】命令，可以新建工作区，并对其进行命名。

图 1-3-5　工作区

工作区主要是指舞台工作区，也称舞台。舞台的布局可以根据个人喜好进行调整，只要单击【属性】按钮，然后在图 1-3-6 所示的【属性】面板进行调整即可。舞台是一个白色或其他颜色的矩形区域，只有在舞台内的对象才能作为影片或进行打印。通常，运行 Animate 后会自动创建一个新影片。舞台是绘制图形、输入文字、编辑文字和图像等对象的矩形区域，也是创建影片的区域。图形、文字、图像和影片等对象的展示，也可以在舞台进行。可以使用舞台周围的区域存储图形和其他对象，而在播放 SWF 文件时不会显示这些对象。为了方便操作，可以按住【Ctrl+Alt+鼠标滚轮键】来放大或缩小舞台的大小。

图 1-3-6　【属性】面板

1.3.5　功能面板

【面板】是指提供某种功能的板块，在使用 Animate 制作动画的过程中要用到很多面板，常用的有：【属性】面板、【颜色】面板、【库】面板、【动作】面板、【变形】面板、【信息】面板、【对齐】面板、【历史记录】面板、【场景】面板等。这些面板提供了各种各样的功能，非常方便、实用。

（1）【属性】面板：是最常用、最重要的面板，使用【属性】面板可以方便地查看和编辑当前选定对象的属性，而且随着选取对象的不同，会出现不同的属性内容，例如【多角星形工具】的【属性】面板如图 1-3-7 所示。

图 1-3-7　【多角星形工具】的【属性】面板

（2）【颜色】面板：【颜色】面板组（见图 1-3-8）用来设置图形填充色或线条颜色。它包括【颜色】和【样本】两个面板。单击【窗口】→【颜色】命令，即可打开【颜色】面板。

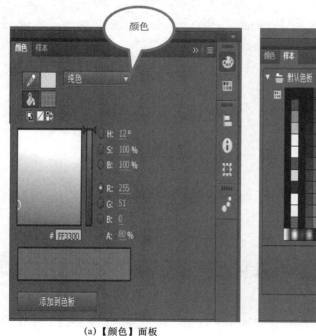

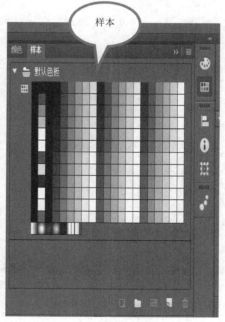

（a）【颜色】面板　　　　　　　　　　（b）【样本】面板

图 1-3-8　【颜色】面板组

（3）【库】面板：是保管 Animate 动画素材的仓库，在 Animate 中创建的元件，以及从外部导入的音乐、视频和位图等素材，都存放在【库】面板中。单击【窗口】→【库】命令，即可打开该面板（见图 1-3-9）。

（4）【动作】面板：在制作交互动画时，若选择【ActionScript 3.0】类型，即可在【动作】面板中为关键帧添加动作脚本，也可以新建一个 ActionScript 文件，输入动作脚本，还可以使用代码片段来添加动作脚本，大大减少了代码记忆的负担。若在创建 Animate 文档时选择【HTML5 Canvas】类型，在【动作】面板中除了可以使用代码片段添加动作脚本外，还可以使用向导添加动作脚本。单击【窗口】→【动作】命令，即可调出【动作】面板（见图 1-3-10）。

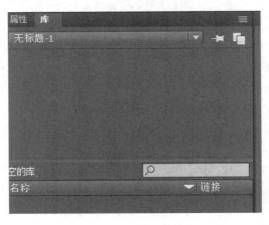

图 1-3-9 【库】面板

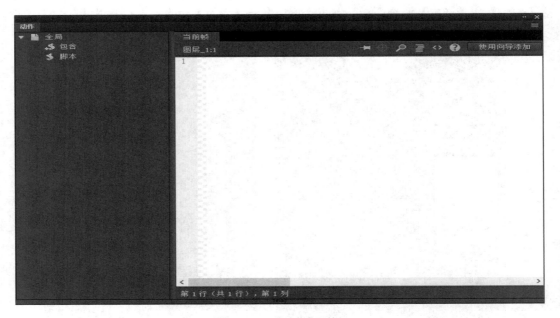

图 1-3-10 【动作】面板

（5）【信息】面板：用于显示对象信息的功能面板。单击【窗口】→【信息】命令，即可调出该面板（见图 1-3-11）。

（6）【变形】面板：用来缩放、旋转、扭曲选中的对象。其中的【旋转】单选按钮用于实现旋转功能，在后面的文本框中输入需要旋转的角度值，可实现要旋转的效果。单击【窗口】→【变形】命令，即可打开【变形】面板（见图 1-3-12）。

（7）【对齐】面板：在多个对象的处理中经常用到，它的功能是对多个对象执行对齐、散布、匹配大小、调整间距等操作，也可以使单个对象相对于整个舞台对齐。单击【窗口】→【变形】命令，即可打开【对齐】面板（见图 1-3-13）。

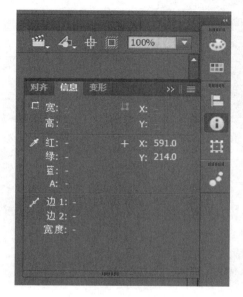

图 1-3-11 【信息】面板

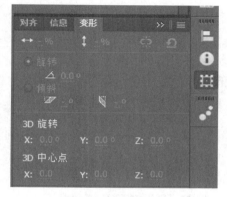

图 1-3-12 【变形】面板

（8）【历史记录】面板：可以查找之前完成的任务。单击【窗口】→【历史记录】命令，即可打开该面板（见图 1-3-14）。

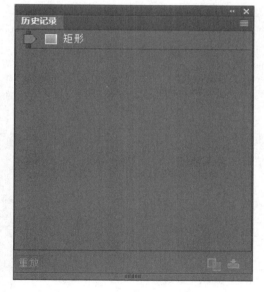

图 1-3-13 【对齐】面板

图 1-3-14 【历史记录】面板

（9）【场景】面板：场景是动画中的一个场面，与电影中的场景相似。一个 Animate 文件中可以只有一个场景，也可以有多个场景。【场景】面板是用来管理这些场景的，可以对其进行复制、添加、删除等。单击【窗口】→【场景】命令，即可打开该面板（见图 1-3-15）。

图 1-3-15　【场景】面板

1.3.6　个性化工作界面

个性化工作界面是指用户可以根据个人习惯和工作需要，对工作界面进行调整，调整后的工作界面还可以保存起来，方便以后调用。

（1）启动 Animate 并进入其工作界面后，如果在默认的工作界面中找不到想要的面板，可以通过【窗口】菜单来打开它，例如，打开【颜色】面板（见图 1-3-16）。

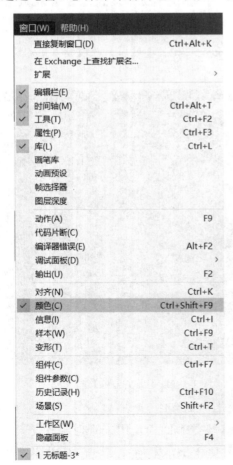

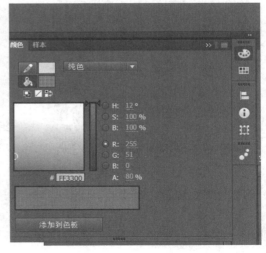

图 1-3-16　打开【颜色】面板

（2）Animate 会将某些性质相同的面板放在一个面板组（见图 1-3-17）中，此时单击面板组中相应的面板选项卡，可在不同的面板之间切换，如【颜色】面板和【样本】面板。

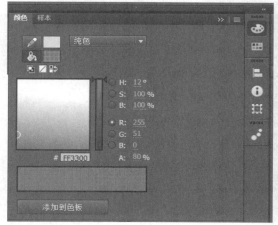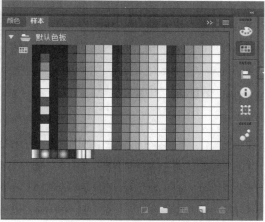

图 1-3-17　面板组

（3）要隐藏某个面板，只需在此面板上右击，选择【最小化】命令；要显示隐藏的面板，只需右键单击该面板，选择【展开面板】命令即可。

（4）要关闭某个面板组，可单击面板组标题栏右侧的按钮；要单独关闭面板组中的某个面板，可右击此面板，选择【关闭】命令（见图 1-3-18）。

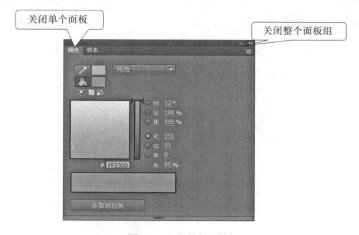

图 1-3-18　关闭面板

（5）单击面板组右上角的【折叠】按钮或【展开】按钮，可使面板组在图标状态和打开状态之间切换（见图 1-3-19）。

（6）面板组处于图标状态时，单击图标可展开相应面板（见图 1-3-20）。

（7）如果希望将调整好的工作区保存起来，以便下次直接调用，可选择【窗口】→【工作区】→【新建工作区】命令，在打开的【新建工作区】对话框中输入名称，然后单击【确定】按钮，即可保存当前的工作区（见图 1-3-21）。

（8）保存工作区后，可以在【窗口】→【工作区】的子菜单中选择该工作区并打开（见图 1-3-22）。

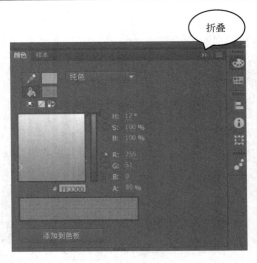

图 1-3-19　折叠/展开面板组

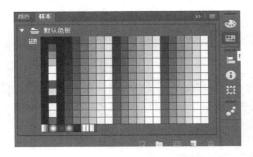

图 1-3-20　展开相应面板

图 1-3-21　保存工作区

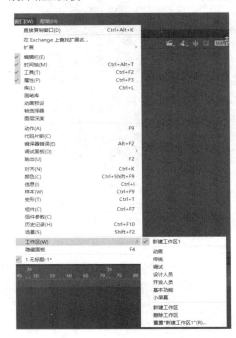

图 1-3-22　选择并打开保存的工作界面

（9）如果想恢复 Animate CC 的默认布局，只需选择【窗口】→【工作区】→【重置"新建工作区 1"】命令即可（见图 1-3-23）。

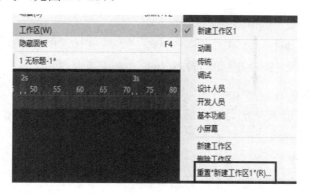

图 1-3-23 恢复默认布局

1.4 Animate 文档基础操作

1.4.1 新建文档

启动 Animate CC 后，将打开图 1-4-1 所示的起始界面。

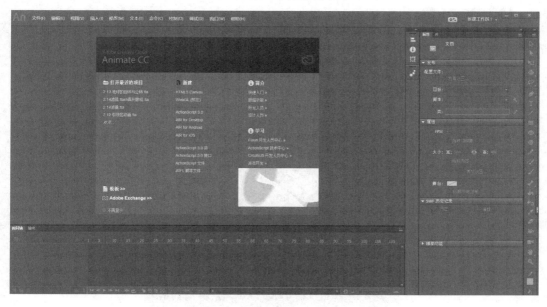

图 1-4-1 Animate CC 的起始界面

单击【新建】栏下的【ActionScript 3.0】选项，可以创建扩展名为 fla 的新文档。新建的文档自动采用 Animate CC 的默认文档属性。还可以执行【文件】→【新建】命令，打开【新建文档】对话框，在该对话框中选择【ActionScript 3.0】类型，完成新建文件。

注：Animate 有以下五种常见的文件类型。

1）ActionScript 3.0

ActionScript 3.0 是 Animate 的脚本语言，能使创作出来的动画具有很强的交互性。

2）HTML5 Canvas

HTML5 Canvas 是制作 H5 页面的一个选项，是一种具有图稿、图形及动画等丰富内容的新的文档类型，这种文档可以使用 JavaScript 添加交互性。

3）AIR for Desktop

AIR for Desktop 是用来开发桌面应用程序的，也是我们现在比较常用的一种开发形式，它制作出来的内容可以独立于浏览器或者其他一些格式而存在。

4）AIR for Android

AIR for Android 用于开发安卓系统的应用程序，不需要证书。

5）AIR for IOS

AIR for IOS 用于开发苹果移动设备的应用程序，可以直接打包成苹果手机上的应用的格式，但需要官方注册一种证书，才可以打包。

1.4.2　设置文档

新建 Animate CC 文档后，经常需要对其尺寸、背景颜色、帧频、标尺单位等属性进行设置。操作方法如下。

（1）执行【修改】→【文档】命令（或按组合键"Ctrl+J"），打开如图 1-4-2 所示的【文档设置】对话框，该对话框中显示了文档的当前属性。

（2）在【文档设置】对话框中设置文档属性。

（3）单击【确定】按钮，完成设置。

图 1-4-2　【文档设置】对话框

1.4.3　保存文档

保存 Animate 文件的命令有【保存】、【另存为】、【另存为模板】和【全部保存】。使用这些命令都可以保存文件，本节重点介绍【保存】、【另存为】和【另存为模板】命令。

1.【保存】命令

保存文件的操作如下。

（1）执行【文件】→【保存】命令。如果是第一次执行保存命令，会弹出如图 1-4-3 所示的【另存为】对话框。

图 1-4-3　【另存为】对话框

注：当再次单击【保存】命令时，会保存为第一次保存文件所设定的格式。

（2）在【另存为】对话框中，可以设定文件的保存路径、名称和格式。

（3）单击【保存】按钮，完成保存。

2.【另存为】命令

当文件需要以新的路径、名称或格式保存时，可以使用【另存为】命令，操作步骤如下。

（1）执行【文件】→【另存为】命令，打开【另存为】对话框。

（2）在【另存为】对话框中设定文件的名称、格式、路径等，与使用【保存】命令的操作一样。

（3）单击【保存】按钮，文件将以新的路径、名称或格式保存。

3.【另存为模板】命令

当需要将文件当作样本多次使用时，可以以模板形式进行保存。例如，制作一个按钮，需要在不同功能的按钮上添加不同的说明文字，这时可以先制作一个没有文字的按钮，将其存为模板，操作如下。

（1）执行【文件】→【另存为模板】命令，打开如图 1-4-4 所示的【另存为模板】对话框。

（2）在【名称】输入框中输入模板名称，并在【类别】的下拉列表框中输入或选择类别。

在【描述】文本框中输入模板说明（最多 255 个字符）。当在【从模板新建】对话框中选择该模板时，该描述文字就会显示出来。

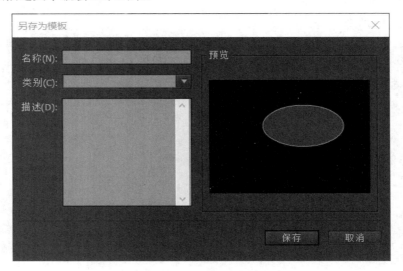

图 1-4-4 【另存为模板】对话框

（3）单击【保存】按钮，将当前文件保存为模板。

第 2 章　Animate 基本工具使用

2.1　绘图工具

2.1.1　线条工具

1. 线条工具简介

功能介绍：用于绘制各种长度和倾斜角度的直线。

在【工具箱】中选择【线条工具】，在【属性】面板中可以根据需要修改、设置线条的笔触颜色、笔触高度、笔触样式等，然后在舞台中单击并拖曳指针，这样就可以绘制线条了，【线条工具】的【属性】面板见图 2-1-1。笔触样式在【样式】的下拉菜单中进行选择，有极细、实线、虚线、点状线等，如图 2-1-2 所示。

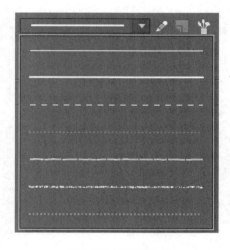

图 2-1-1　【线条工具】的【属性】面板　　　　图 2-1-2　笔触样式

2. 绘制卡通脸

1）绘制脸的轮廓

（1）选择【线条工具】，在舞台上拖曳指针绘制线条，完成如图 2-1-3 所示的脸的初始轮廓。

（2）选择【选择工具】，将鼠标指针移到要调整的线条上，注意不要选中，当鼠标指针旁边出现弧线时，按住鼠标左键并拖曳鼠标，将线条调整成光滑的弧线，完成如图 2-1-4 所示的脸的轮廓。

2）绘制五官

（1）选择【线条工具】，在舞台上拖曳光标绘制线条，完成如图 2-1-5 所示的初始的五官。

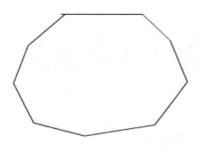 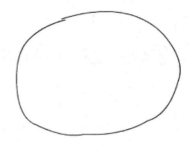

图 2-1-3　脸的初始轮廓　　　　　　　　　图 2-1-4　脸的轮廓

（2）选择【选择工具】，将鼠标指针移到要调整的线条上，注意不要选中，当鼠标指针旁边出现弧线时，按住左键并拖曳鼠标，将线条调整成光滑的弧线，完成如图 2-1-6 所示的五官的绘制。

图 2-1-5　初始的五官　　　　　　　　　　图 2-1-6　五官

3）绘制头发，完成卡通脸的绘制

（1）选择【线条工具】，在舞台上拖曳指针绘制线条，完成如图 2-1-7 所示的初始的头发。

（2）选择【选择工具】，按【Delete】键删除多余的线条，绘制如图 2-1-8 所示的卡通脸。

图 2-1-7　初始的头发　　　　　　　　　　图 2-1-8　卡通脸

3．绘制糖葫芦

1）绘制糖葫芦主体

选择【线条工具】，在【属性】面板中设置笔触颜色为"红色"，设置笔触高度为"30"，设置笔触样式为"点状线"，在舞台上拖曳指针绘制线条，完成如图 2-1-9 所示的糖葫芦的主体。

2）绘制糖葫芦的棒棒

选择【线条工具】，在【属性】面板中设置笔触颜色为"咖啡色"，设置笔触高度为"5"，设置笔触样式为"实线"，在舞台上拖曳指针绘制线条，绘制糖葫芦的棒棒，糖葫芦的整体效果如图 2-1-10 所示。

图 2-1-9　糖葫芦的主体　　　　　图 2-1-10　糖葫芦的整体效果

2.1.2　矩形工具

1．矩形工具简介

功能介绍：主要用来绘制矩形、正方形和圆角矩形。

在【工具箱】中选择【矩形工具】，在【属性】面板中可以设置图形的填充颜色、笔触颜色、宽度、样式，按住 Shift 键可以绘制正方形，【矩形工具】的【属性】面板如图 2-1-11 所示。

2．绘制邮票

1）制作邮票底面

（1）设置舞台的背景颜色，选择一个较深的背景颜色。

（2）从【工具箱】中选择【矩形工具】，在【属性】面板中设置笔触颜色为"白色"，设置填充颜色为"白色"，设置笔触高度为"20"，设置笔触样式为"点状线"，在舞台上拖曳指针，绘制如图 2-1-12 所示邮票的底面。

2）制作邮票

（1）将图片"老鼠"导入到库。

（2）将图片"老鼠"拖曳到舞台，调整大小，邮票制作完成，如图 2-1-13 所示。

3．绘制扑克牌

（1）从【工具箱】中选择【矩形工具】，在【属性】面板中设置笔触颜色为"红色"，填充颜色为"白色"，笔触高度为"1"，笔触样式为"实线"，矩形边角半径为

图 2-1-11　【矩形工具】的【属性】面板

"15°"，如图 2-1-14 所示，在舞台上拖曳指针，绘制矩形。

图 2-1-12　邮票的底面

图 2-1-13　制作完成的邮票

图 2-1-14　设置矩形的属性

（2）从【工具箱】中选择【文本工具】，在扑克牌底面的左上角绘制一个文本框，输入字母 "A"，在【属性】面板（见图 2-1-15（a））中修改字体大小为 "24" 磅，颜色为 "红色"。得到初步的扑克牌底面效果，如图 2-1-15（b）所示。

（3）将字母 "A" 复制、粘贴到扑克牌的右下角，并单击右下角的字母 "A"，执行【修改】→【变形】→【顺时针旋转 90 度】命令两次，完成后如图 2-1-16 所示的扑克牌。

（4）将 "红心" 图片导入库。将 "红心" 图片拖曳到舞台，选择【任意变形工具】，调整图片大小，扑克牌就制作完成了，如图 2-1-17 所示。

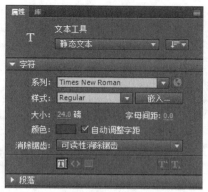

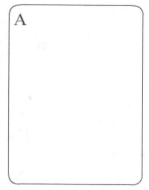

(a)【文本工具】的【属性】面板　　　　　　(b) 扑克牌的底面

图 2-1-15　添加"静态文本"

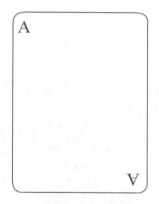

图 2-1-16　扑克牌的底面效果　　　　　图 2-1-17　制作完成的扑克牌

2.1.3　椭圆工具

1．椭圆工具简介

功能介绍：绘制椭圆、正圆、圆环或圆弧的矢量图形。

在【工具箱】中选择【椭圆工具】，在【属性】面板（见图 2-1-18）中可以设置图形的填充颜色、笔触颜色、宽度、样式，以及椭圆的"开始角度""结束角度""内径"等。

注：按住"Shift"键可以绘制正圆。

2．绘制水杯

1）绘制水杯的主体

（1）从【工具箱】中选择【椭圆工具】，在舞台中绘制一个椭圆，即为水杯口，如图 2-1-19 所示。

（2）再绘制一个椭圆，并进行拉伸，即为水杯的主体，如图 2-1-20 所示。

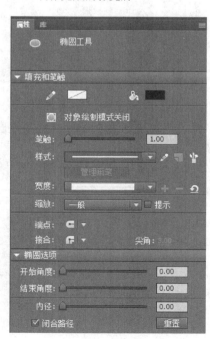

图 2-1-18　【椭圆工具】的【属性】面板

2）绘制水杯的手柄

使用线条工具绘制水杯的手柄，如图 2-1-21 所示。

图 2-1-19　水杯口　　　　图 2-1-20　水杯的主体　　　　图 2-1-21　水杯的手柄

3．绘制光盘

（1）从【工具箱】中选择【椭圆工具】 ⬭，设置笔触颜色为"黑色"，设置填充颜色为彩虹色，如图 2-1-22 所示，并在【颜色】面板（见图 2-1-23）中进行修改与设置。

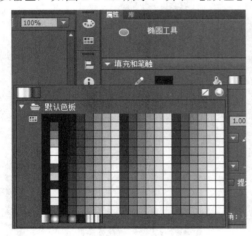

图 2-1-22　修改填充颜色　　　　　　　　图 2-1-23　【颜色】面板

（2）从【工具箱】中选择【椭圆工具】 ⬭，绘制两个不同大小的同心椭圆，如图 2-1-24 所示。

（3）从【工具箱】中选择【选择工具】 ⬚，选择中间多余的图案，将其删除，光盘完成，如图 2-1-25 所示。

图 2-1-24　同心椭圆　　　　　　　　图 2-1-25　光盘

2.1.4　多角星形

1. 多角星形工具简介

单击【工具箱】中的【多角星形工具】，打开工具组菜单，其中包含了绘制各种形状的工具，选择并使用【多角星形工具】，即可绘制多边形和星形。

1）绘制多边形

选择【工具箱】中的【多角星形工具】，在舞台上单击鼠标并拖动即可。在默认情况下，使用【多角星形工具】绘制出的是正五边形，如图 2-1-26 所示。

如果要绘制六边形、七边形、八边形等多边形，可以执行以下操作。

（1）单击【属性】面板中的【选项】按钮，弹出【工具设置】对话框，如图 2-1-27 所示。

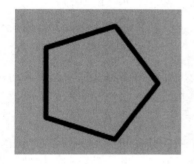

图 2-1-26　绘制正五边形　　　　　　图 2-1-27　【工具设置】对话框

（2）在【边数】文本框中输入要绘制多边形的边数。

（3）单击【确定】按钮，关闭对话框，然后在舞台中绘制即可。如图 2-1-28 所示分别为绘制的六边形、七边形和八边形。

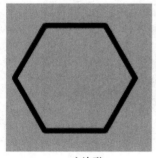
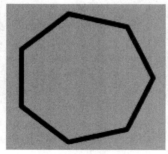
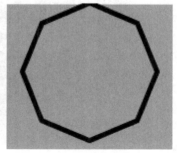

六边形　　　　　　　　　七边形　　　　　　　　　八边形

图 2-1-28　绘制的多边形

2）绘制星形

在默认情况下，使用【多角星形工具】绘制出的星形是正五角星。

如果要绘制其他星形，可以执行以下操作。

（1）在【工具设置】对话框的【样式】下拉列表中选择【星形】选项。

（2）在【边数】文本框中输入所要设置的边数，如图 2-1-29（a）所示。

(a) 设置属性

(b) 图形效果

图 2-1-29　绘制五角星

（3）在【星型顶点大小】文本框中输入星形的夹角数值。

图 2-1-30　【属性】面板

（4）单击【确定】按钮，关闭对话框，然后在舞台中绘制即可，图形效果如图 2-1-29（b）所示。

2．绘制太阳

1）设置背景

在图 2-1-30 所示的【属性】面板中选择需要的舞台背景颜色，还可设置其他选项。

2）绘制多角星形

单击【工具箱】中的【多角星形工具】，单击"选项"按钮，出现【工具设置】对话框，设置相关属性，再设置笔触颜色为"红色"，填充颜色为"黄色"，接着设置线条的粗细，最后太阳绘制完成，如图 2-1-31 所示。

设置属性

太阳完成效果

图 2-1-31　绘制多角星形

3．绘制衣服

1）绘制衣身

在【工具箱】选择【矩形工具】，并设置笔触颜色为"无"，填充颜色为"绿色"，在舞台上绘制一个长方形。

2）绘制衣袖

在【工具箱】选择【矩形工具】，绘制一个小长方形，选择【任意变形工具】，拖动小长方形四周的控制点，将小长方形旋转到合适的角度，作为一个衣袖；然后复制出另一个衣袖，通过右击鼠标→【变形】→【水平翻转】命令，将其调整至合适的角度；最后选择【选择工具】，将两个衣袖拼接到衣服合适的位置，如图 2-1-32 所示。

3）绘制领口

在【工具箱】选择【椭圆工具】，设置填充颜色为"白色"，笔触颜色为"无"，在衣服的领口处绘制椭圆，完成领口的绘制，如图 2-1-33 所示，衣服的基本形状就完成了。

图 2-1-32　绘制衣袖

4）装饰衣服

在【工具箱】选择【椭圆工具】，设置填充颜色为"橙色"，笔触颜色为"无"，在衣服正中间绘制一个圆；接着运用【多角星形工具】，单击【选项】按钮，在弹出的【工具设置】对话框中选择"星形"，边数为"5"，设置填充颜色为"红色"，笔触颜色为"无"，绘制一个五角星；最后使用【选择工具】将五角星移动到椭圆的正中间，衣服便装饰完成，如图 2-1-34 所示。

图 2-1-33　绘制领口

图 2-1-34　装饰衣服

2.1.5　铅笔工具

1. 铅笔工具简介

【铅笔工具】的【属性】面板与【线条工具】的【属性】面板非常相似，由于用【铅笔工具】绘制的路径可能是封闭的，所以在封闭区域可以填充颜色。

1）绘制线条

选择【工具箱】中的【铅笔工具】，在舞台上单击并拖动鼠标，绘制一条比较随意的曲线，如图 2-1-35 所示。

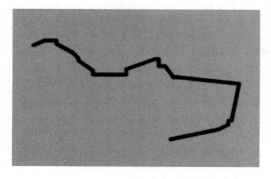

图 2-1-35　绘制曲线

　　如果在绘制的同时，按住"Shift"键，所绘线条将为垂直或水平方向的直线，如图 2-1-36 所示。

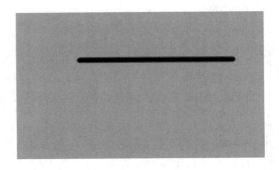

图 2-1-36　绘制垂直或水平直线

　　2）设置铅笔属性

　　在使用【铅笔工具】绘制线条之前，可以通过【铅笔工具】的【属性】面板（见图 2-1-37）设置线条的颜色、粗细、样式等属性。

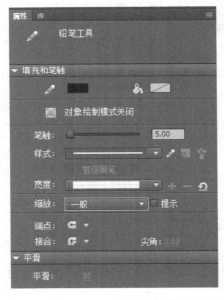

图 2-1-37　【铅笔工具】的【属性】面板

　　（1）设置线条的颜色。单击"笔触颜色"按钮，在弹出的颜色列表中选择需要的颜色即可。

　　（2）设置线条的粗细。在文本框中直接输入笔触高度值，或者拖动滑块进行设置。

　　（3）设置线条的样式。单击其右侧的按钮，在弹出的"笔触样式"下拉列表中选择需要的样式即可。

　　（4）自定义线条的样式。单击该按钮，将弹出【笔触样式】对话框，在【类型】下拉列表中选择需要的样式，然后设置参数即可。

　　（5）设置线条端点的形状。单击其右下角的小三角形，在弹出的下拉菜单中选择需要的端点形状即可。

　　（6）设置线条在 Flash Player 中的笔触缩放方式。

　　（7）设置尖角在接合处的倾斜程度。

　　（8）设置线条的相接方式。单击其右下角的小三角形，在弹出的下拉菜单中选择需要的方式即可。

　　（9）设置线条在平滑模式下的平滑程度。

　　3）铅笔模式

　　选择【铅笔工具】，单击【工具箱】中的【铅笔模式】，将弹出一个下拉菜单，包含 3 种绘画模式，如图 2-1-38 所示。

　　① 直线化模式。该模式是系统默认模式，在该模式下，三角形、椭圆、圆形、矩形和正方形的图形更加接近这些形状，如图 2-1-39 所示。

图 2-1-38　【铅笔模式】下拉菜单

图 2-1-39　直线化模式

② 平滑模式。在该模式下，软件会自动将用户所绘制的线条进行微调，使其更加平滑，如图 2-1-40 所示。

③ 墨水模式。在该模式下，绘制的线条将更加接近于鼠标运动的轨迹，得到的图形类似于徒手画，如图 2-1-41 所示。

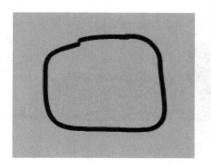

图 2-1-40　平滑模式

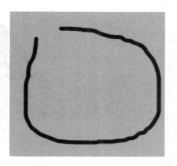

图 2-1-41　墨水模式

2. 绘制群山

1）绘制群山的轮廓

在【工具箱】中选择【铅笔工具】，在【属性】面板中选择"黑色"，并修改线条的粗细，在【工具箱】中设置【铅笔模式】为"平滑"，如图 2-1-42 所示，然后在舞台上进行绘制。先按住"Shift"键，拖动鼠标，绘制一条水平横线，作为山的底部，然后从山的一端开始绘制平滑的曲线，绘制群山轮廓，如图 2-1-43 所示。

2）填充群山的颜色

在【工具箱】中选择【颜料桶工具】，选择群山的填充颜色为"青色"，在所需位置填充颜色，如图 2-1-44 所示。

3）绘制群山

再次使用【铅笔工具】和【颜料桶工具】绘制更多的山，并填充颜色。群山就完成了，如图 2-1-45 所示。

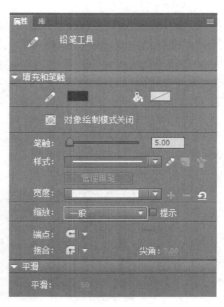

图 2-1-42　设置铅笔的属性

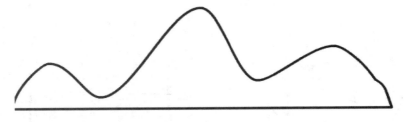

图 2-1-43　绘制群山轮廓

图 2-1-44　填充群山颜色

图 2-1-45　绘制群山

3．绘制小鸭

1）绘制小鸭的轮廓

在【工具箱】中选择【铅笔工具】，选择【铅笔模式】为"平滑"，调整铅笔的线条粗细和形状、颜色等，在舞台绘制小鸭的轮廓，如图 2-1-46 所示；然后用短线条绘制小鸭的尾巴和脚掌；最后使用【椭圆工具】在小鸭的头部绘制眼睛。

2）给小鸭填充颜色

在【工具箱】中选择【颜料桶工具】 ，选择小鸭的填充颜色为"黄色"，给小鸭填充颜色，如图 2-1-47 所示。

图 2-1-46　绘制小鸭轮廓

图 2-1-47　给小鸭填充颜色

4．绘制房子

1）绘制房子的墙

方法一：选择【铅笔工具】，设置【铅笔模式】为【直线化】，分别绘制水平线和垂直线，并修改相应的属性，如填充颜色、线条粗细、线条颜色等。

方法二：首先运用【矩形工具】绘制第一面墙，然后用【铅笔工具】绘制其他线条，具体操作与方法一相同。绘制效果如图 2-1-48 所示。

2）绘制房顶

选择【铅笔工具】，设置【铅笔模式】为【直线化】，分别绘制房顶的斜线，并修改相应的属性，如填充颜色、线条粗细、线条颜色等。房顶绘制效果如图 2-1-49 所示。

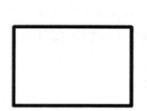　　　　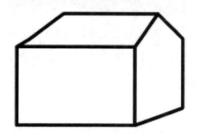

图 2-1-48　房子的墙绘制效果　　　　　图 2-1-49　房顶绘制效果

2.1.6　钢笔工具

1．钢笔工具简介

钢笔工具又叫贝塞尔曲线工具，主要用于精确地绘制路径。选择【工具箱】中的【钢笔工具】，将鼠标指针移动到舞台上，就可以绘制各种路径了。

（1）绘制直线路径：在舞台上移动鼠标并连续单击，可以绘制直线路径，如图 2-1-50 所示。

（2）绘制曲线路径：在舞台上单击鼠标确定第一个点后，在其他位置按住并拖动鼠标，然后单击确定第二个点，如此重复操作，可以绘制曲线路径，如图 2-1-51 所示。

（3）绘制闭合路径：完成曲线绘制后，再回到直线或曲线路径的起点并单击鼠标，可以将它们闭合，如图 2-1-52 所示。

图 2-1-50　直线路径　　　　　图 2-1-51　曲线路径　　　　　图 2-1-52　闭合路径

（4）选择【钢笔工具】后，其【属性】面板如图 2-1-53 所示，可以设置粗细、颜色、样式等。

（5）在【钢笔工具】下拉菜单中还有【添加锚点工具】、【删除锚点工具】和【转换锚点工具】，如图 2-1-54 所示。

图 2-1-53　【钢笔工具】的【属性】面板

图 2-1-54　【钢笔工具】下拉菜单

① 添加锚点工具：在修改所绘制的图形时，当【钢笔工具】变成 时，可以添加锚点，如图 2-1-55 所示。

图 2-1-55　添加锚点

② 删除锚点工具：在修改所绘制的图形时，当【钢笔工具】变成 时，可以删除锚点，如图 2-1-56 所示。

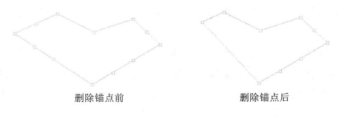

图 2-1-56　删除锚点

③ 转换锚点工具：在修改所绘制的图形时，当【钢笔工具】变成 时，可以转换锚点的形状，如图 2-1-57 所示。

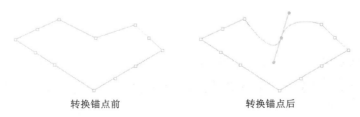

图 2-1-57　转换锚点

2．绘制爱心

（1）使用【钢笔工具】（颜色为红色）在舞台上画出爱心轮廓，如图 2-1-58 所示。

（2）用【颜料桶工具】给爱心填充红色，完成后的爱心如图 2-1-59 所示。

图 2-1-58　绘制爱心轮廓　　　　　　　　图 2-1-59　完成后的爱心

3．绘制松树

（1）使用【钢笔工具】（颜色为绿色）在舞台上画出松树轮廓，如图 2-1-60 所示。

（2）用【颜料桶工具】给松树填充绿色，完成后的松树如图 2-1-61 所示。

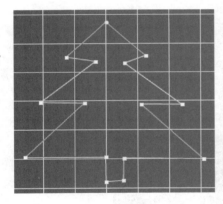
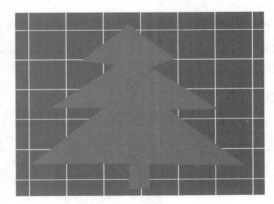

图 2-1-60　绘制松树轮廓　　　　　　　　图 2-1-61　完成后的松树

2.2　编辑工具

2.2.1　选择工具

1．选择工具简介

使用【选择工具】可以选取一个对象、多个对象、对象的一部分，以及使线条变形。

（1）选取一个对象。选择【工具箱】中的【选择工具】后，直接单击要选取的对象即可。

（2）选取多个对象。在按住"Shift"键的同时，依次单击要选取的对象即可。

（3）选取对象的一部分。按住鼠标左键不放，然后拖动鼠标，用拖曳出的矩形框选要选取的部分对象即可。

（4）使线条变形：选定【选择工具】，将鼠标指针移至线条的边缘，按住并拖动鼠标，即可使线条变形，如图 2-2-1 所示。

图 2-2-1　选择工具：变形线条一

注：在设置线条变形时，按住"Ctrl"键，可以在拖动线条的位置创建一个新节点，从而使线条产生比较尖锐的变形，如图 2-2-2 所示。

图 2-2-2　选择工具：变形线条二

2．绘制卡通表情一

1）绘制脸部

用【椭圆工具】在舞台上画出一个圆形，作为卡通人物的脸，如图 2-2-3 所示，并用【颜料桶工具】为其填充橙色。

2）绘制五官

（1）用【钢笔工具】画出眼睛，如图 2-2-4 所示。

图 2-2-3　绘制脸部　　　　　　图 2-2-4　绘制眼睛

（2）用【椭圆工具】画出一个圆形，再用【选择工具】改变圆的形状，使其成为不规则的椭圆，最后填充红色，绘制嘴，如图 2-2-5 所示。

图 2-2-5　绘制嘴

3）绘制泪水

用【椭圆工具】画出一个圆形，再用【选择工具】改变圆的形状，使其成为泪水形状，最后填充灰色，绘制泪水，如图 2-2-6 所示。

绘制泪水　　　　　　　　　　　完成后的卡通表情一

图 2-2-6　绘制泪水

3．绘制卡通表情二

1）绘制脸部

操作过程与绘制卡通表情一相同。

2）绘制眉毛、嘴巴

用【钢笔工具】画出眉毛、嘴巴，再用【选择工具】改变眉毛、嘴巴的线条形状，使其成为弧形，如图 2-2-7 所示。

3）绘制眼睛

（1）用【椭圆工具】画出一个椭圆形，复制一个椭圆形，将两者重叠，删去多余部分。

（2）在眼珠部分填充黑色，再复制一只眼睛，如图 2-2-8 所示。

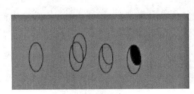

绘制眼睛　　　　　　　　　完成后的卡通表情二

图 2-2-7　绘制眉毛、嘴巴　　　　　　　　　图 2-2-8　绘制眼睛

4．绘制西瓜

1）绘制西瓜轮廓

用【线条工具】绘制一条斜线，并用【选择工具】使线条变形，再绘制一条斜线，使西瓜轮廓完整，如图 2-2-9 所示。

图 2-2-9　绘制西瓜轮廓

2）绘制西瓜瓤

（1）将西瓜瓤填充为红色，如图 2-2-10 所示。

（2）绘制西瓜籽（方法同绘制泪水），如图 2-2-11 所示，完成后的西瓜如图 2-2-12 所示。

图 2-2-10　绘制西瓜瓤　　　图 2-2-11　绘制西瓜籽　　　图 2-2-12　完成后的西瓜

2.2.2　套索工具

1. 套索工具简介

【套索工具】用于对 Animate 中的图形或图像进行选定操作。

1）使用套索工具之前的准备

（1）将外部图像导入到舞台。

执行【文件】→【导入】→【导入到舞台】命令，弹出【导入】对话框，如图 2-2-13 所示，选择要导入的图像，单击【打开】按钮，或者按组合键"Ctrl+R"导入图像。

图 2-2-13　【导入】对话框

（2）在对图像进行选定操作前，先将其分离，如图 2-2-14 所示，可以使用组合键"Ctrl+B"。

2）使用套索工具

选择【工具箱】中的【套索工具】　，【套索工具】有两种模式：一种是【多边形工具】模式　，另一种是【魔术棒】模式　。

（1）【多边形工具】模式

若选取的图形的轮廓比较鲜明，可以将【多边形工具】模式激活。选择【多边形工具】模式，拖出一套选线，再进行多次单击。在每一个拐点处单击，然后回到起点，就可以选中一个图形，使用多边形抠图的效果如图 2-2-15 所示。

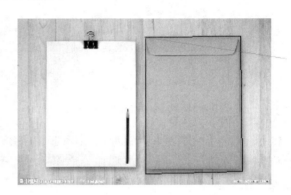

图 2-2-14　将外部图形分离　　　　　　图 2-2-15　使用多边形抠图的效果

（2）【魔术棒】模式

在魔术棒模式下，可以比较自如地选择颜色相同或相近的区域，使用魔术棒抠图的效果如图 2-2-16 所示。

（3）【魔术棒】参数设置

魔术棒的参数有【阈值】和【平滑】。【阈值】直接关系到选定区域的大小，值越大，允许的色差越大；值越小，允许的色差越小。【平滑】决定着选择的区域的边缘是平滑、粗糙，还是一般，如图 2-2-17 所示。

图 2-2-16　使用魔术棒抠图的效果　　　　图 2-2-17　魔术棒参数设置

2．绘制人像抠图

（1）使用组合键"Ctrl+R"，导入外部图片。

（2）使用组合键"Ctrl+B"，将图片分离，再对其进行编辑，分离后的图片效果如图 2-2-18

所示。

（3）单击【套索工具】，选择【魔术棒】模式，如图 2-2-19 所示。

图 2-2-18　分离后的图片效果

图 2-2-19　选择【魔术棒】模式

（4）使用【魔术棒】对需要的图形进行抠图，抠图过程中要注意起点和结束点的重合，然后将抠出的图形拖出来。卡通形象抠图效果如图 2-2-20 所示。

3. 绘制蛋壳

（1）单击舞台，在【属性】面板更改舞台的背景颜色，如图 2-2-21 所示。

图 2-2-20　卡通形象抠图效果

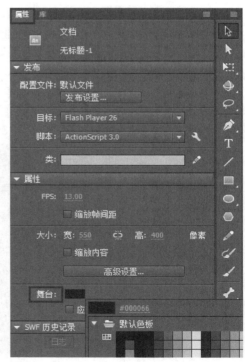

图 2-2-21　更改舞台背景颜色

（2）单击【椭圆工具】，画一个椭圆，并用【颜料桶工具】改变颜色，如图 2-2-22 所示。

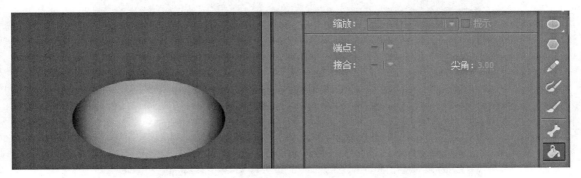

图 2-2-22　绘制椭圆

（3）单击【套索工具】，选择【多边形工具】模式，在蛋的中间画折线，如图 2-2-23 所示。

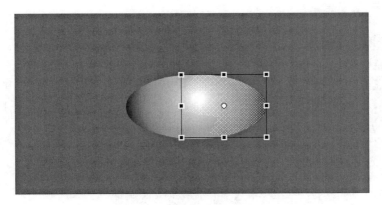

图 2-2-23　绘制折线

（4）分开蛋壳，如图 2-2-24 所示，选择【工具箱】中的【任意变形工具】，调整右边蛋壳的位置，如图 2-2-25 所示。

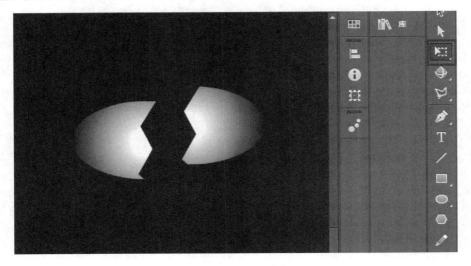

图 2-2-24　分开蛋壳

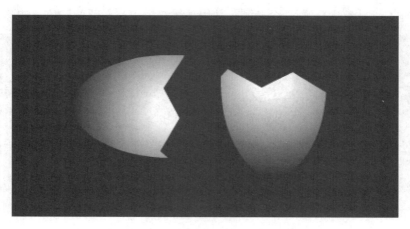

图 2-2-25　调整右边蛋壳的位置

2.2.3　部分选取工具

1．部分选取工具简介

选中图像后，使用【部分选取工具】可以对图像边缘进行修改和编辑。

（1）使用【部分选取工具】，不仅可以选取并移动对象，还可以对图形进行变形处理。

（2）单击【工具箱】中的【部分选取工具】，然后单击矢量图的边缘，图形的路径和所有的锚点会自动显现出来，如图 2-2-26 所示。

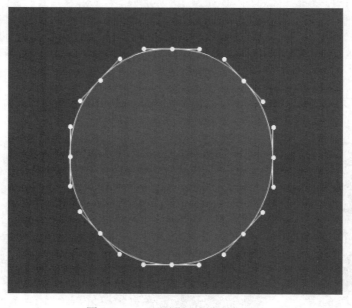

图 2-2-26　显现图形的锚点和路径

（3）使用【部分选取工具】选择对象的任意锚点后，拖动鼠标到任意位置，这样就可以完成对锚点的任意操作。单击要编辑的锚点，这时该锚点的两侧会出现调节手柄，拖动手柄的一端可以调整曲线的形状，如图 2-2-27 所示。

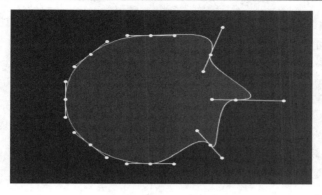

图 2-2-27　使用手柄调整曲线形状

2．绘制脚印

（1）单击【工具箱】中的【椭圆工具】，画一个椭圆，如图 2-2-28 所示。

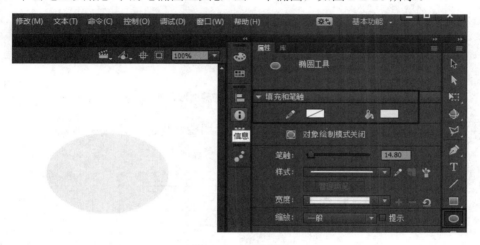

图 2-2-28　画椭圆

（2）单击【部分选取工具】，单击椭圆边缘，图形的路径和所有的锚点自动显现出来，如图 2-2-29 所示。

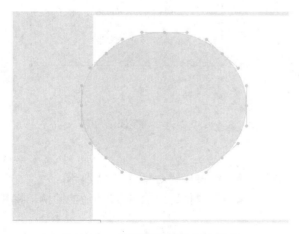

图 2-2-29　显现图形的路径和锚点

（3）单击要编辑的锚点，该锚点的两侧出现调节手柄，拖动手柄的一端，调整曲线的形状，如图 2-2-30 所示。

图 2-2-30　使用手柄调整曲线的形状

（4）单击【任意变形工具】，对图形位置进行调整，如图 2-2-31 所示。

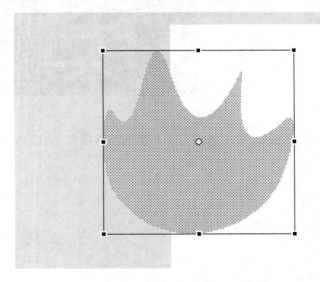

图 2-2-31　调整图形位置

3．绘制梨子

（1）单击【椭圆工具】，画一个椭圆，如图 2-2-32 所示。

（2）单击【部分选取工具】，选中椭圆，依次拖动两边的手柄，将其调整变形，如图 2-2-33 所示。

（3）使用【刷子工具】在梨子的上面绘制果柄，如图 2-2-34 所示。

图 2-2-32　画椭圆

图 2-2-33　调整变形

图 2-2-34　绘制果柄

2.2.4　任意变形工具

1. 任意变形工具简介

主要功能：对对象进行旋转、封套、扭曲，以及缩放等操作，变形的对象既可以是矢量图，也可以是位图、文字。

在【工具箱】选择【任意变形工具】 后，【工具箱】选项区将显示相应的选项，如图 2-2-35 所示。

（1）旋转与倾斜 ：用于旋转与倾斜对象。

在【工具箱】中选择【任意变形工具】 ，并将舞台中的图形选中，接着在【工具箱】的选项区域单击【旋转与倾斜】按钮 ，将指针移动到图形四周的控制点，当鼠标指针变为 时，按住鼠标左键并拖动鼠标，即可调整对象的旋转角度，如图 2-2-36 所示。

将指针移动到矩形中间的控制点，当鼠标指针变为 时，按住鼠标左键并拖动鼠标，即可使对象倾斜，如图 2-2-37 所示。

图 2-2-35　任意变形工具选项

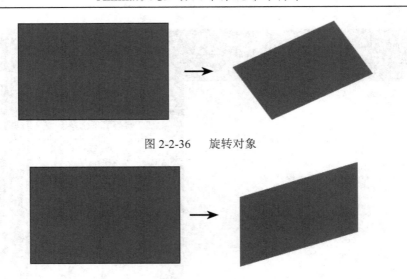

图 2-2-36　旋转对象

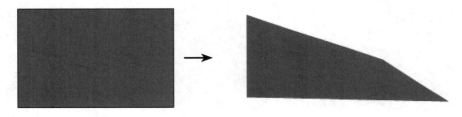

图 2-2-37　倾斜对象

（2）扭曲 ：通过移动锚点，实现对象的变形操作。

在【工具箱】的选项区单击【扭曲】按钮 ，当鼠标指向四周的控制点时，鼠标呈 ▽ 状，然后拖动鼠标，可使对象扭曲，如图 2-2-38 所示。

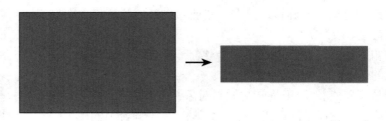

图 2-2-38　扭曲对象

（3）缩放 ：用于改变对象大小。

在【工具箱】选项区单击【缩放】按钮 ，将鼠标指针移动到对象的控制点上并拖动鼠标，即可对图形进行缩放操作，如图 2-2-39 所示。

图 2-2-39　缩放对象

（4）封套 ：通过调整对象的控制柄，可实现复杂的变形（进行封套操作的对象必须是矢量图形）。

在【工具箱】选项区单击【封套】按钮 ，则对象上将显示多个控制点，将鼠标指针移到对象的控制点上，并拖动鼠标，即可对图形进行不同的变形操作，如图 2-2-40 所示。

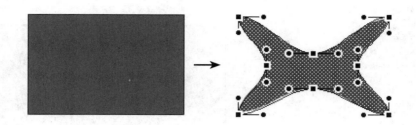

图 2-2-40　封套对象

2．绘制扇子

（1）单击【矩形工具】 ▣，绘制扇叶和扇柄，如图 2-2-41 所示。

（2）单击【任意变形工具】 ▣，再选中已制作好的扇柄和扇叶，下拉中心点的位置。如图 2-2-42 所示。

图 2-2-41　绘制扇叶和扇柄　　　　　　　图 2-2-42　调整扇叶和扇柄的中心点位置

（3）单击【修改】→【变形】→【旋转与倾斜】命令，右下角出现如图 2-2-43 所示的【变形】面板。

（4）设置旋转角度为 8°，如图 2-2-44 所示。

图 2-2-43　【变形】面板　　　　　　　　　图 2-2-44　设置旋转角度

（5）使用【复制】和【任意变形工具】，绘制多个扇叶，如图 2-2-45 所示。

（6）在【工具箱】中选择【任意变形工具】 ▣，并将舞台中的图形选中，接着在【工具箱】的选项区域单击【旋转与倾斜】 ◪，设置对象的旋转角度，扇子旋转的效果如图 2-2-46 所示。

3．绘制钟表

（1）选中【椭圆工具】，如图 2-2-47 所示。

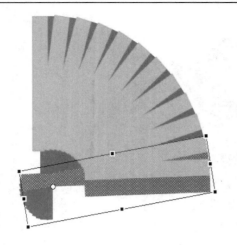

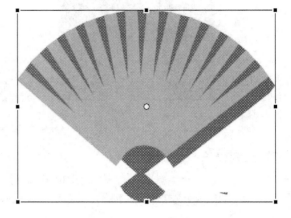

图 2-2-45　绘制多个扇叶　　　　　　　　图 2-2-46　扇子旋转的效果

（2）在【椭圆工具】的【属性】面板（见图 2-2-48）将填充颜色设为"无"，笔触颜色设成"黑色"，加粗。

图 2-2-47　椭圆工具　　　　　图 2-2-48　【椭圆工具】的【属性】面板

（3）单击【椭圆工具】，绘制正圆形，如图 2-2-49 所示。

（4）单击【线条工具】，绘制时间刻度线，如图 2-2-50 所示。

（5）单击【任意变形工具】，选中已绘制好的刻度线，下移其中心点的位置，如图 2-2-51 所示。

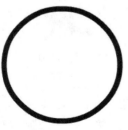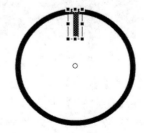

图 2-2-49　绘制正圆形　　　图 2-2-50　绘制时间刻度线　　　图 2-2-51　下移刻度线的中心点位置

（6）单击【修改】→【变形】→【旋转与倾斜】命令，在【变形】面板中将旋转角度设为 30°，如图 2-2-52 所示。

（7）通过【复制】和【任意变形工具】 ，完成所有刻度线的绘制，如图 2-2-53 所示。

图 2-2-52　设置旋转角度　　　　　　　　图 2-2-53　完成所有刻度线的绘制

（8）单击【线条工具】 ，打开【属性】面板，如图 2-2-54 所示。

（9）依次修改直线的粗细，绘制秒针、分针、时针，如图 2-2-55 所示。

图 2-2-54　【线条工具】的【属性】面板　　　图 2-2-55　绘制秒针、分针、时针

4．绘制波浪文字

（1）单击【文本工具】 ，输入文字，如图 2-2-56 所示。

（2）单击【选择工具】 ，选中文字，执行【修改】→【分离】命令，重复 2 次，如图 2-2-57 所示。

图 2-2-56　输入文字　　　　　　　　　　图 2-2-57　分离文字

（3）在【工具箱】单击【封套】按钮 ，将鼠标指针移到对象的控制点上并拖动鼠标，即可使文字图形变形，如图 2-2-58 所示。

（4）拖动小黑点，可改变文字的形状，制作波浪文字，文字变形的效果如图 2-2-59 所示。

图 2-2-58　使文字图形变形　　　　　　　图 2-2-59　文字变形的效果

2.2.5　橡皮擦工具

1. 橡皮擦模式

主要功能：擦除对象或者对象的局部，但不可擦除位图格式的图片，当图片被分离时，可以使用橡皮擦进行擦除。

（1）单击【橡皮擦工具】可看到【工具箱】出现如图 2-2-60 所示的按钮。

（2）单击【橡皮擦模式】按钮，可看到 5 种模式，如图 2-2-61 所示。

图 2-2-60　橡皮擦相关按钮　　　　　　　图 2-2-61　橡皮擦的 5 种模式

① 标准擦除：擦除同一图层上的填充颜色和笔触颜色，如图 2-2-62 所示。

② 擦除填充颜色：擦除任何矢量图形的填充颜色，不擦除笔触颜色，如图 2-2-63 所示。

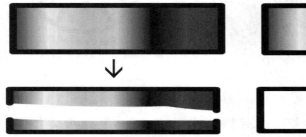

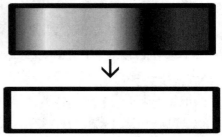

图 2-2-62　标准擦除　　　　　　　　　　图 2-2-63　擦除填充颜色

③ 擦除笔触颜色：擦除任何矢量图形的笔触颜色，不擦除填充颜色，如图 2-2-64 所示。

④ 擦除所选填充颜色：擦除选定的矢量图形的填充区域，不影响其他未选中的区域，如图 2-2-65 所示。

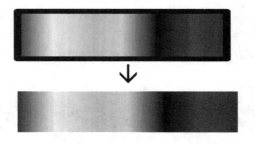

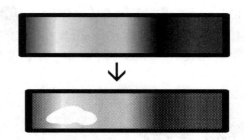

图 2-2-64　擦除笔触颜色　　　　　　　　图 2-2-65　擦除所选填充颜色

⑤ 内部擦除：只擦除笔触开始处的填充颜色。若从空白地方开始擦除，则不能擦除任

何对象，也不会影响笔触颜色，且只能擦除同一图层上的图形，如图 2-2-66 所示。

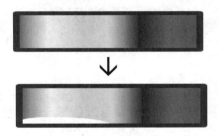

图 2-2-66　内部擦除

2．水龙头

主要功能：把图形的填充颜色或轮廓线整体擦除。

单击【水龙头工具】，将鼠标指针移至图形上，在想要删除的颜色区域单击鼠标左键，可将填充颜色整体删除，若单击想要删除的轮廓线，可将轮廓线整体删除，如图 2-2-67 与图 2-2-68 所示。

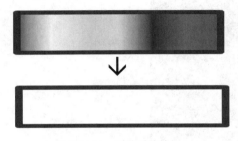

图 2-2-67　删除填充色

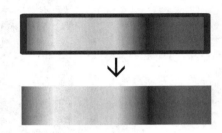

图 2-2-68　删除轮廓线

3．橡皮擦形状

功能：设置橡皮擦的大小和形状。

单击【橡皮擦形状】按钮，出现橡皮擦形状面板，如图 2-2-69 所示，即可选择橡皮擦的大小和形状。擦除的形状区域和所选择的橡皮擦形状相同。

图 2-2-69　橡皮擦形状面板

2.3　填充工具

2.3.1　颜料桶工具

1）颜料桶工具简介

【颜料桶工具】是一种用来填充或改变图形颜色的工具，使用【颜料桶工具】可以进行纯色填充、渐变色填充和位图填充。

2）使用颜料桶工具

单击【工具箱】中的【颜料桶工具】，选择需要的颜色，在图形上单击，即可完成颜色填充。图 2-3-1 所示为【颜料桶工具】的【属性】面板。

图 2-3-1　【颜料桶工具】的【属性】面板

3）纯色填充

如果要对某个区域进行纯色填充，单击【颜料桶工具】按钮，然后在【工具箱】中单击【填充颜色】按钮，或者【颜料桶工具】的【属性】面板中的【填充颜色】按钮，选择需要的颜色进行填充。

2.3.2　填充变形工具

1．填充变形工具简介

【填充变形工具】用来调整渐变填充和位图填充的效果。

1）编辑线性填充图形样式

在【工具箱】中，长按【渐变变形工具】，在要绘制的图形上单击，会出现几个节点。

中心点，中心点的位置可以改变。

范围节点，用于调整填充的渐变线范围和效果。

⬦渐变颜色方向节点。

2）编辑位图填充图形样式

在使用位图填充图形时，必须先导入一张图片，将图片填充到图形中后，再使用【渐变变形工具】调整图形的样式。先选择【渐变变形工具】，然后选中位图填充图形，将出现多个节点，如图 2-3-2 所示。

图 2-3-2　位图填充图形节点

⬛中心点，该节点的用法和使用后的效果与线性填充图形、放射状填充图形的中心点一样。

⬦宽度节点，该节点的用法和使用后的效果与放射状填充图形的渐变宽度节点一样。

⬦渐变方向节点，该节点的用法和使用后的效果与放射状填充图形的渐变方向节点一样。

⬦范围节点，可以通过该节点对位图填充进行等比例缩放，如图 2-3-3 和图 2-3-4 所示。

图 2-3-3　调整前　　　　　　　　　　　图 2-3-4　调整后

⬦高度节点，使用此节点可对位图填充进行高度的调整。

⬦垂直倾斜节点，使用此节点可使位图填充图形产生垂直倾斜。

⬦水平倾斜节点，使用此节点可使位图填充图形产生水平倾斜。

2．绘制镜中画

1）绘制镜子

用【椭圆工具】绘制一面椭圆形状的镜子，设置笔触颜色为"灰色"，粗细为"6"，无填充色，如图 2-3-5 所示。

2）绘制镜中画

运用位图填充的方式，先导入一张人像图片，如图 2-3-6 所示，将

图 2-3-5　绘制镜子

该图片填充到"镜子"图形中，运用【渐变变形工具】进行相应的调整，调整后的人像图片如图 2-3-7 所示。

图 2-3-6　导入人像图片

图 2-3-7　调整后的人像图片

2.3.3　墨水瓶工具

1）墨水瓶工具简介

【墨水瓶工具】在动画制作中起到了很关键的作用，它和【颜料桶工具】组合使用能实现对边线和色块的填充。使用【墨水瓶工具】可以改变线段的样式、粗细和颜色，还可以为矢量图形添加边线，但它本身不具备任何绘画功能。

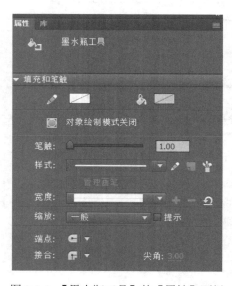

图 2-3-8　【墨水瓶工具】的【属性】面板

2）使用墨水瓶工具

选择【工具箱】中的【墨水瓶工具】，在舞台上相应的位置单击鼠标左键即可。

3）墨水瓶工具的属性

【墨水瓶工具】的【属性】面板如图 2-3-8 所示。

（1）用于设置墨水瓶的笔触颜色。

（2）笔触：用于设置墨水瓶的笔触粗细，取值范围为 0.25～200。

（3）样式：用于设置墨水瓶的笔触样式。

2.3.4　文字描边

（1）在【工具箱】中选择【文本工具】，输入文字"Animate"，设置文字属性：黑体、加粗、字体大小为 96、红色，如图 2-3-9 所示。

Animate

图 2-3-9　输入文字"Animate"

（2）选择文字，按组合键"Ctrl+B"两次，将文字分离，如图 2-3-10 所示。

Animate

图 2-3-10　分离文字"Animate"

（3）在【工具箱】中选择【墨水瓶工具】 🔧。设置属性：蓝色、粗细 3、实线，然后依次点选文字的边框，如图 2-3-11 所示。

Animate

图 2-3-11　依次点选文字边框

2.3.5　滴管工具

1．滴管工具简介

在 Animate 动画的制作过程中，经常会用到【滴管工具】。【滴管工具】具有吸取画面中矢量线、矢量色块、位图等相关属性，再直接应用于其他矢量对象的功能。

使用【滴管工具】主要能够提取以下四种对象属性。

（1）提取线条属性：吸取原矢量线的笔触颜色、笔触高度和笔触样式属性，应用到目标矢量线，使后者具有前者的相同属性。

（2）提取色彩属性：吸取填充颜色的相关属性，不论是单色还是复杂的渐变色，都可以被复制下来，转移给目标矢量色块。

（3）提取位图属性：吸取外部导入的位图样式，作为填充图案，使填充的图形重复排列吸取的位图图案。

（4）提取文字属性：吸取文字的字体、字号大小、文字颜色等属性，但不能吸取文字内容。

2．绘制蝴蝶吸取

（1）如图 2-3-12 所示，要将左边的图案效果填充到右边的图形中，先要准备填充素材。

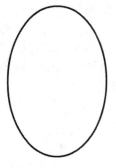

图 2-3-12　填充目标

（2）在【工具箱】中选择【滴管工具】 ，单击左边的"鲜花"图案，吸取图案，这时候我们会发现指针变成了带有小锁的颜料桶，如图 2-3-13 所示。

（3）单击【工具箱】中的【锁定填充】图标，取消锁定，单击右侧图形，完成填充，效果如图 2-3-14 所示。

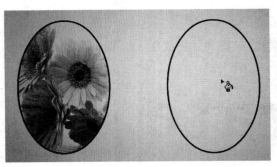

　　　　图 2-3-13　吸取图案　　　　　　　　　图 2-3-14　填充后效果图

2.4　文本工具

2.4.1　文本工具基础知识

文本在 Animate 动画中起着不可或缺的作用，是最为常用的工具之一。单击【文本工具】即可将其激活，并以文本块的形式显示。

使用【文本工具】可以创建静态文本、动态文本与输入文本三种文本类型。在创建三种文本之前，我们要了解相关功能和属性，包括创建文本、文本标签、文本框、文本框尺寸、文本字体、字号、颜色、文本样式、文本对齐方式、文本格式等的基本含义及其作用。

（1）创建文本：创建的文本有两种类型，分别为文本标签与文本框，它们之间最大的区别就是有无自动换行功能。

（2）文本标签：选取【文本工具】后，确认【属性】面板里的文本类型为静态文本，在舞台中单击鼠标，得到一个文本标签，其右上角有一个小方块。在文本标签中输入文字，文本框不能根据输入文本的实际需要自动横向延长，且不会自动换行，如果需要换行，手动按Enter 键即可。

（3）文本框：选取【文本工具】后，在舞台中单击并拖动鼠标，得到一个虚线文本框，调整文本框的宽度，释放鼠标，得到一个文本框，其右上角有一个小圆圈。在文本框中输入文字，当文字达到文本框的边缘时会自动换行。

（4）文本框尺寸：通过拖曳可以比较随意地调整文本框的尺寸，还可以在【属性】面板中设置文本框的高度与宽度，对文本框的尺寸进行较为精确的调整。

（5）文本字体、字号、颜色

① 设置字体：从【工具箱】中选取【文本工具】，单击【属性】面板中【字体】文本框右边的倒三角形按钮，在弹出的字体下拉列表中选择需要的字体，被选中的字体会在列表右侧的面板中显示相应的字体效果。

② 设置字号：用【选择工具】将输入的文本选中，通过以下两种方式可以设置文字的

字号：（a）在字体大小文本框中输入数值，按 Enter 键确认即可；（b）通过拖动字体大小文本框右边的滑块进行调节，文字的设置效果会直接出现在舞台中。

③ 设置颜色：设置文字颜色与设置形状颜色的方法相同，用【选择工具】将文本选中后，单击属性面板中的文本颜色，在弹出的颜色面板中选择需要的颜色即可。

（6）文本样式：Adobe Animate CC 2018 提供了 4 种文本样式，分别为粗体、斜体、上标和下标。设置文本样式有以下两种方法：（a）通过【文本工具】【属性】面板；【b】通过菜单栏。

（7）文本对齐方式：Adobe Animate CC 2018 中的文本对齐方式包括左对齐、居中对齐、右对齐与两端对齐四种。选中文本后，直接在【文本工具】的【属性】面板中单击需要的对齐方式即可。

（8）文本格式：选中文本后，单击【属性】面板中的【格式】按钮，弹出【格式选项】对话框，调整对话框中各选项的数值，即可调整文本格式。

2.4.2　静态文本

1．创建文本

位于【工具箱】的【文本工具】 T 主要用于输入和设置动画中的文字。创建文本的具体操作如下。

（1）单击【工具箱】中的【文本工具】按钮 T ，在舞台上将光标移动到需要输入文本的位置后，按住鼠标左键单击，舞台上将出现一个右上角有小方块的空白文本框，如图 2-4-1 所示。

图 2-4-1　空白文本框

（2）可以在文本框中直接输入文字。当文字达到文本框的边缘时，会自动换行。文本框不能根据输入文本的实际需要自动横向延长，如图 2-4-2 所示。

注：双击文本框右上角的小方框，小方框会变成小圆圈，即变成无宽度限制的文本框，这时如果在某一行后继续输入文字，文本框会自动变长，而不会换行，如图 2-4-3 所示。

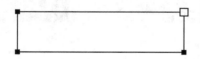

图 2-4-2　宽度限制文本框 　　　　　　　　图 2-4-3　无宽度限制文本框

2．设置文本

创建文本后，打开文本的【属性】面板，如图 2-4-4 所示，可以对文本的字体、颜色、大小、行距、粗斜体、对齐方式、文本方向等基本属性进行修改、设置。

3．编辑文本

对文本对象进行编辑时，可以将输入的文本看作一个整体进行编辑，也可以将文本中的

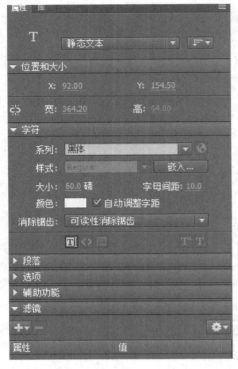

图 2-4-4　文本【属性】面板

每个字作为独立的编辑对象。

在对文本进行一些复杂的变形操作（如扭曲、封套、填充颜色等）时，必须先将文本分离，将文本转换为可编辑的矢量图形。

分离文本的具体操作步骤如下。

（1）单击【工具箱】中的【选择工具】，选择需要分离的文本。分离前的文本如图 2-4-5 所示。

（2）选择菜单栏中的【修改】→【分离】命令，或按组合键"Ctrl+B"。需要分离的文本中的每个字符会被放置在单独的文本块中，且在舞台中的位置不变，如图 2-4-6 所示。

（3）分离后的文本为一个个单独的字符，可以对其中的任意字符进行编辑，而不会影响其他字符，图 2-4-7 所示为对部分字符进行位置和大小调整后的效果。

（4）选择需要编辑的文本，在【滤镜】的【属性】面板（见图 2-4-8）中修改颜色、字体、大小等，还可添加各种效果。

（5）分离后的文本效果如图 2-4-9 所示。

图 2-4-5　分离前的文本　　　　　　　图 2-4-6　分离后的文本

图 2-4-7　编辑后的文本　　　　　　　图 2-4-8　【滤镜】的【属性】面板

图 2-4-9　分离后的文本效果

2.4.3　动态文本

（1）创建文本后，打开文本的【属性】面板，通过文本属性面板可以对文本的字体、颜色、大小、行距、粗斜体、对齐方式、文本方向等基本属性进行修改、设置。

（2）导入一张图片，使其与舞台大小一样（宽：550，高：400），并使图片与舞台完全重合，如图 2-4-10 所示。

（3）单击文本的【文本工具】 **T**，修改其文本类型，设为【动态文本】，如图 2-4-11 所示。

图 2-4-10　导入图片　　　　　　　　　图 2-4-11　修改文本类型

（4）将字体设为"黑体"，字号大小设为"60"，颜色设为"白色"。在舞台中单击并拖动鼠标，释放鼠标，将得到一个文本框，如图 2-4-12 所示。

（5）修改文本名称为 M，如图 2-4-13 所示。

图 2-4-12　设置字体属性　　　　　　　　图 2-5-13　修改名称

（6）在时间轴面板中选择第一帧，单击鼠标右键，选择【动作】命令，打开【动作】面板，输入代码：M.text="an 案例教程"。注意：除了汉字外，其他字符都在英文情况下输入，如图 2-4-14 所示。

图 2-4-14   输入代码

（7）在第 20 帧处单击鼠标右键，插入关键帧，按 F9 键，打开【动作】面板，输入代码：M.text: ="动态文本创建"；在第 40 帧处，单击鼠标右键，选择【插入帧】；最后按组合键"Ctrl+Enter"测试效果。

2.4.4   输入文本

（1）首先制作基础界面，然后单击【文本工具】，将【文本类型】改为【输入文本】，系列为"黑体"，大小设为"37"，颜色设为"黑色"，单击【嵌入】按钮，在弹出的对话框中勾选【大写】、【小写】、【数字】、【标点符号】，如图 2-4-15 所示。

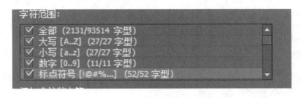

图 2-4-15   设置字符范围

（2）单击文本周围，显示边框，在账号、密码后面建立适当的空白文本框，单击这些文本框，在【段落】面板中找到【行为】选项，在下拉列表中设为"密码"，如图 2-4-16 所示。

图 2-4-16   修改【行为】

（3）最后，按组合键"Ctrl+Enter"，制作完成。

第 3 章　Animate 演示动画制作

3.1　时间轴面板

在 Animate 软件中，动画的制作是在【时间轴】面板进行的。时间轴是动画制作的核心部分，可以通过执行菜单中的【窗口】→【时间轴】命令（快捷键 Ctrl+Alt+T），对其进行隐藏或显示。

Animate 软件的图层位于【时间轴】面板的左侧，如图 3-1-1 所示。图层的排列顺序决定了舞台中对象的显示情况，例如，在最顶层的对象始终显示于最上方。图层的数量不是固定的，如果图层数量过多，可以通过上下拖动右侧的滚动条进行查看。

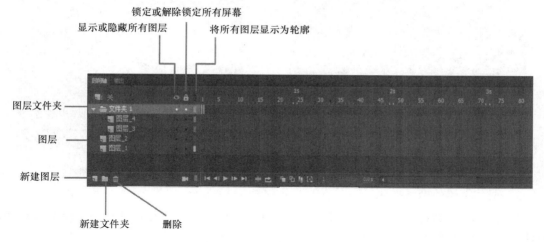

图 3-1-1　【时间轴】面板

系统默认创建的动画对象为实体显示状态。在【时间轴】面板中，如果要对图层或者图层文件夹进行操作，除了可以显示隐藏、锁定与解除锁定外，还可以根据轮廓的颜色进行显示。

实际上，制作动画的过程就是对每一帧进行操作的过程，每一帧代表一个画面。通过在【时间轴】面板右侧的帧操作区进行各项操作，可以制作出丰富多彩的动画效果。

3.2　逐帧动画

1. 逐帧动画简介

逐帧动画是 Animate 中最简单的动画，它是由一系列连续播放的、相似的静止画面组成的，通常来说，相似的画面越多，动画效果就越逼真，这就是逐帧动画的工作原理。如果两个连续的画面之间有较大的差别，则画面之间的切换就类似于放映幻灯片。由于逐帧动画各帧的内容不同，因此制作起来非常费时，并且生成的文件较大，但它具有较大的灵活性，适合表现细腻的动画。

要制作逐帧动画，需要将每个帧都定义为关键帧，然后再创建不同的内容。下面通过一个实例来介绍逐帧动画的制作方法。

2．绘制燃烧的蜡烛

1）设置背景格式

按组合键"Ctrl+J"，弹出【文档设置】对话框，设置舞台颜色为"黑色"，舞台大小为"550 像素×400 像素"，如图 3-2-1 所示。

2）制作蜡烛的火焰

在【图层 1】中制作火焰。选择【椭圆工具】，画一个椭圆，并修改属性，如图 3-2-2 所示。然后选择【部分选取工具】，将椭圆上端拉成尖形，火焰效果如图 3-2-3 所示。

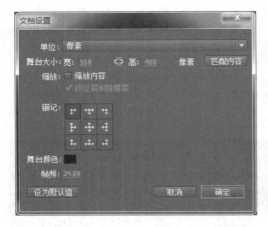

图 3-2-1　设置背景格式　　　　　　　图 3-2-2　修改火焰属性

3）制作火焰的动态变化

（1）在第 5 帧右击鼠标，单击【插入】→【关键帧】命令，使用【部分选取工具】进行拉伸，改变火焰形状，如图 3-2-4 所示。

图 3-2-3　火焰效果　　　　　　　　　图 3-2-4　第 5 帧的火焰形状

（2）再在第 10 帧插入关键帧，使用【部分选取工具】进行拉伸，形成新的火焰形状，如图 3-2-5 所示。

（3）再在第 15 帧插入关键帧，使用【部分选取工具】进行拉伸，形成新的火焰形状，如图 3-2-6 所示。

图 3-2-5　第 10 帧的火焰形状

图 3-2-6　第 15 帧的火焰形状

（4）最后在第 20 帧插入普通帧。

4）蜡烛烛体的制作

插入【图层 2】，制作蜡烛烛体，在时间轴单击第 1 帧，分别用【矩形工具】和【线条工具】绘画烛体和烛芯，并修改蜡烛灯芯的属性，如图 3-2-7 所示。在修改线性的颜色时，注意将烛芯中间的线性区域进行调整，使图形看起来具有立体的效果。蜡烛效果如图 3-2-8 所示。

图 3-2-7　修改蜡烛灯芯的属性

图 3-2-8　蜡烛效图

5）生成并测试影片

生成 Animate 动画，按组合键 "Ctrl+Enter"，测试影片，如图 3-2-9 所示。

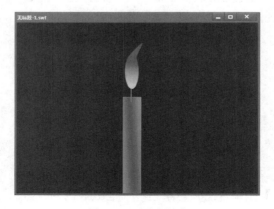

图 3-2-9　测试影片

3.3　形状补间动画

1．形状补间动画简介

形状补间动画的制作流程：首先制作两个关键帧，然后在这两个关键帧之间添加"形状"补间。

（1）设置形状补间动画的对象必须为图形，因此，如果要对群组、文本和位图等对象设置形状补间动画，必须先将它们彻底分离为图形。

（2）在图 3-3-1 所示属性面板的【补间】面板中有【缓动】和【混合】选项。

图 3-3-1　形状补间的属性【补间】面板

① 缓动：用于设置对象的变化速度。缓动类型有 No Ease、Classic Ease、Ease In、Ease Out、Ease In Out 和 Custom 几种，如图 3-3-2 所示，其中 Classic Ease 是传统的缓动方式，若数值为 0，对象将匀速变化；若数值小于 0，对象将加速变化；若数值大于 0，对象将减速变化。

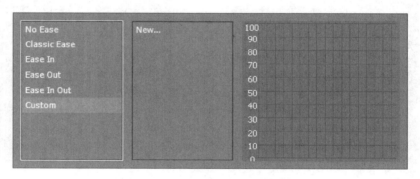

图 3-3-2　形状补间的缓动类型

② 混合：用于设置对象的变化方式，有【分布式】和【角形】两个选项。

③ 如果在两个关键帧之间出现一个箭头，并且帧背景变成了绿色，则表示形状补间动画制作成功，如图 3-3-3 所示。

图 3-3-3　形状补间动画制作成功

2．绘制形状改变

1）实现长短线的变形

（1）用【铅笔工具】在舞台上画一条短线（笔触颜色为"白色"，笔触高度为"3.5"，笔触样式为"实线"），如图 3-3-4 所示。

（2）在 20 帧处插入关键帧，使用【任意变形工具】将短线拉成长线（只改变长度），如图 3-3-5 所示。

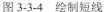

图 3-3-4　绘制短线　　　　　　　　　　　　　图 3-3-5　修改为长线

（3）在【时间轴】面板中选中第 1 帧与第 20 帧之间的任何一帧，右击鼠标，选择【创建补间形状】。如果在两个关键帧之间出现一个箭头，并且帧背景变成了淡绿色，则表示形状补间动画制作成功，如图 3-3-6 所示。最后按组合键 "Ctrl+Enter"，测试影片，效果如图 3-3-7 所示。

图 3-3-6　生成形状补间动画

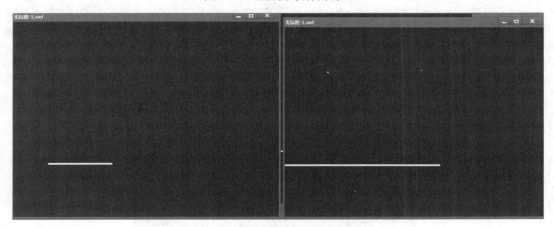

图 3-3-7　形状补间动画效果

2）实现长线消失的变形

① 在第 20 帧为长线的基础上，在 30 帧处插入关键帧，将长线的笔触颜色 Alpha 值设为 "2%"，如图 3-3-8 所示。

② 在第 20～30 帧之间创建形状补间动画，如图 3-3-9 所示。最后，按组合键 "Ctrl+Enter" 测试影片，效果如图 3-3-10 所示。

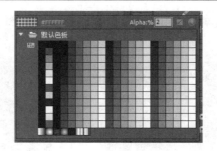

图 3-3-8　设置 Alpha 值

图 3-3-9　创建形状补间动画

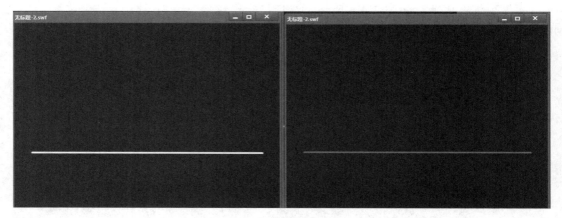

图 3-3-10　测试影片的效果

3）实现长线→长方形的变形

（1）在第 40 帧处插入关键帧，选择【矩形工具】，将笔触高度设为"100"，笔触颜色
Alpha 值设为"100%"，绘制长方形，如图 3-3-11 所示。

图 3-3-11　绘制长方形

（2）在第 30～40 帧之间创建形状补间动画，如图 3-3-12 所示。最后，按组合键"Ctrl+ Enter"测试影片，效果如图 3-3-13 所示。

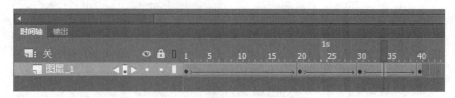

图 3-3-12　创建形状补间动画

图 3-3-13　长线→长方形的变形效果

4）实现长方形→长线的变形

方法与第 37 步相同。

5）实现小圆→大圆的变形

（1）在第 51 帧处删除长线，用【椭圆工具】画一个圆点，如图 3-3-14 所示。

（2）在第 65 帧处插入关键帧，使用【任意变形工具】将圆点拉成大圆，如图 3-3-15 所示。

图 3-3-14　绘制圆点

图 3-3-15　调整为大圆

（3）在第 51～65 帧之间创建形状补间动画，如图 3-3-16 所示。最后按组合键"Ctrl+ Enter"测试影片，变形效果如图 3-3-17 所示。

6）实现大圆→小圆的变形

（1）在第 80 帧处插入关键帧，使用【任意变形工具】将大圆拉成小圆点，并将笔触颜色 Alpha 值设置为"2%"，效果如图 3-3-18 所示。

图 3-3-16　创建形状补间动画

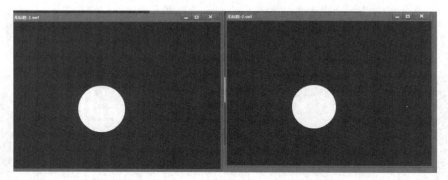

图 3-3-17　小圆→大圆的变形效果

图 3-3-18　调整为小圆

（2）在第 65～80 帧之间创建形状补间动画，如图 3-3-19 所示。最后，按组合键"Ctrl+Enter"测试影片，变形效果如图 3-3-20 所示。

图 3-3-19　创建形状补间动画

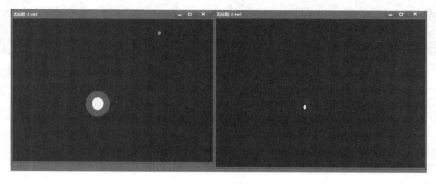

图 3-3-20　大圆→小圆的变形效果

3．绘制生长的树

1）导入图片

（1）将树的图片导入到库，并将图片拖到舞台上，如图 3-3-21 所示。

（2）在第 1 帧处调整图片的大小，使用组合键"Ctrl+B"将图片分离。

2）创建动画

（1）在第 15 帧处插入关键帧，并使用【任意变形工具】将树的图片放大，如图 3-3-22 所示，使用组合键"Ctrl+B"将图片分离。

图 3-3-21　导入图片

图 3-3-22　将树的图片放大

（2）在第 1～15 帧之间创建形状补间动画，如图 3-3-23 所示。最后，按组合键"Ctrl+Enter"测试影片，变形效果如图 3-3-24 所示。

图 3-3-23　创建形状补间动画

图 3-3-24　变形效果

3.4　传统补间动画

1．传统补间动画简介

在某关键帧的舞台上放置一个元件，然后在另一个关键帧的舞台上改变该元件的大小、颜色、位置、透明度等，根据两者之间帧的值自动创建的动画，称为传统补间动画。

传统补间动画是较为常见的基本动画类型，可以制作出对象的位移、变形、旋转、透明度、滤镜及色彩变化等动画效果。

与逐帧动画不同，制作传统补间动画时，只要绘制两个关键帧中的对象即可。两个关键帧之间的过渡帧由 Animate 软件自动创建，并且只有关键帧是可以进行编辑的，过渡帧虽然可以查看，但是不能直接进行编辑。除此之外，制作传统补间动画还需要满足以下条件。

（1）至少要有两个关键帧。

（2）两个关键帧中的对象必须是同一个对象。

（3）两个关键帧中的对象必须有一些变化，否则制作的动画将没有变化效果。

传统补间动画的创建方法有以下两种。

（1）通过鼠标右键快捷命令创建传统补间动画

先在【时间轴】面板中选择同一图层的两个关键帧之间的任意一帧，然后单击鼠标右键，从弹出的快捷菜单中选择【创建传统补间】命令，这样就在两个关键帧之间创建了传统补间动画，所创建的传统补间动画会以浅蓝色背景显示，并且两个关键帧之间有一个箭头。

（2）使用菜单命令创建传统补间动画

同样需要选择同一图层两个关键帧之间的任意一帧，然后执行菜单中的【插入】→【创建传统补间】命令。如果要取消已经创建好的传统补间动画，可以选择已经创建传统补间动画的两个关键帧之间的任意一帧，然后执行菜单中的【插入】→【删除传统补间动画】命令。

2．绘制向日葵花海

（1）单击【文件】→【导入】→【导入到库】命令，将背景图导入到库，如图 3-4-1 所示。

（2）单击【插入】→【新建元件】命令，弹出【创建新元件】对话框，如图 3-4-2 所示，在【名称】文本框中输入新元件的名称"云朵"，然后在【类型】下拉列表中选择【图形】选项，单击【确定】按钮。

图 3-4-1　导入图片　　　　　　　图 3-4-2　【创建新元件】对话框

（3）进入"云朵"元件的编辑界面，单击【椭圆工具】，【填充颜色】选择"白色"，【笔触颜色】选择"无"，在椭圆工具【属性】面板调节【笔触高度】，改变画笔的粗细，依照以上步骤画出云朵，如图 3-4-3 所示。

图 3-4-3　绘制云朵

（4）回到场景 1 单击【文本工具】，输入文字"盛夏如花，向阳不变"，在【属性】面板改变文字的色彩、形状、大小，右键单击已制作好的文字，选择【转换为元件】命令，如图 3-4-4 所示。

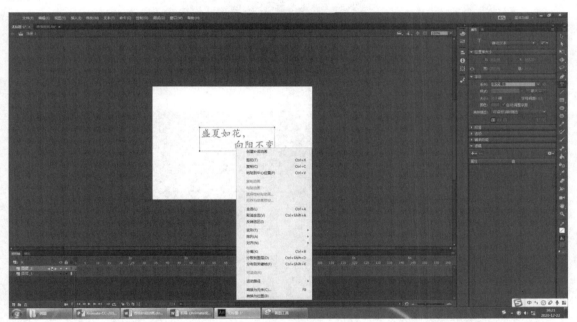

图 3-4-4　制作文字元件

（5）将已制作好的 2 个元件导入或复制粘贴到【场景 1】的【库】，如图 3-4-5 所示。

（6）将【库】中的背景图拖入舞台，调整图片的大小，如图 3-4-6 所示，在【时间轴】第 60 帧处插入关键帧。

（7）新建图层，在【图层 2】的【时间轴】第 1 帧处，将"云朵"元件拖入舞台（见图 3-4-7），在【工具箱】中选择【任意变形工具】，并将舞台中的"云朵"元件选中，接着在【工具箱】的选项区域单击【缩放】按钮，将"云朵"元件缩小；在【图层 2】第 60 帧处插入关键帧，再将舞台中的"云朵"元件选中，接着在【工具箱】的选项区域单击【缩放】按钮，将"云朵"元件放大；最后，在第 1～60 帧之间创建补间动画。

图 3-4-5　将元件导入库

图 3-4-6　插入背景图

图 3-4-7　插入"云朵"元件

（8）新建图层，在【图层 3】的【时间轴】第 1 帧处，将"文字"元件拖入舞台（见图 3-4-8），单击【选择工具】，将"文字"元件选中，将其移动到背景图片的右侧；单击【图层 3】的【时间轴】第 60 帧，将"文字"元件移动到背景图片的左侧，然后在第 1～60 帧之间创建补间动画。

图 3-4-8　插入"文字"元件

3.5　图形元件

1．图形元件简介

图形元件是基本的元件，它可以是重复使用的静态图像，也可以是可重复播放的动画片段。图形元件可以反复取出使用，但不能对图形元件添加交互行为和声音。

创建元件的方法有两种：第一种方式，选择【插入】→【新建元件】命令，进入元件编辑模式，开始绘制或导入元件图形；第二种方式，选取舞台上现有的图形，右击鼠标，选择【转换为元件】命令。

2．绘制文字缩放

（1）设置背景颜色为"黑色"，在舞台中插入文字"Animate 案例教程"，在【文本工具】的【属性】面板设置文字的属性，如图 3-5-1 所示。

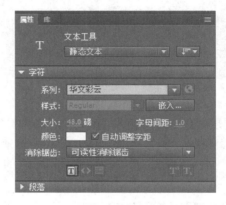

图 3-5-1　【文本工具】的【属性】面板

文字效果如图 3-5-2 所示。

图 3-5-2　文字效果

（2）选中文本框，右击鼠标，选择【分离】命令，执行【分离】命令 2 次后，分离后的文本如图 3-5-3 所示。

图 3-5-3　分离后的文本

（3）选中分离后的文本，在【颜色】面板（见图 3-5-4）中修改渐变类型为【线性渐变】。

图 3-5-4　颜色面板

渐变效果如图 3-5-5 所示。

图 3-5-5　渐变效果

（4）选中分离后的文本，单击右键，选择【转换为元件】命令，设置类型为【图形】，如图 3-5-6 所示。

图 3-5-6　将文字转换为元件

（5）在第 15 帧处右击鼠标，选择【插入关键帧】，如图 3-5-7 所示。

（6）将 15 帧上的"文字"元件用【任意变形工具】　顺时针旋转 90 度，如图 3-5-8 所示。

（7）在第 1～15 帧之间创建传统补间，如图 3-5-9 所示。

传统补间创建成功后，时间轴上会出现箭头，如图 3-5-10 所示。

图 3-5-7　插入关键帧　　　　　图 3-5-8　顺时针旋转后的元件

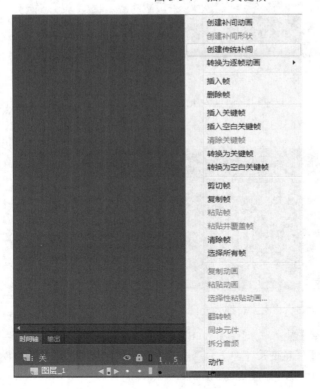

图 3-5-9　创建传统补间　　　　　图 3-5-10　传统补间创建成功

（8）同样，在第 30 帧处插入关键帧，将"文字"元件逆时针旋转 90 度，在第 15～30 帧之间创建传统补间。

（9）在第 45 帧处插入关键帧，将"文字"元件缩小，如图 3-5-11 所示，在第 30～45 帧之间创建传统补间。

图 3-5-11　缩小元件

（10）在第 60 帧处插入关键帧，将"文字"元件放大，如图 3-5-12 所示，在第 45～60 帧之间创建传统补间。

图 3-5-12　放大元件

（11）在第 75 帧处插入关键帧，选择"文字"元件，在属性面板中调整 Alpha 值，如图 3-5-13 所示，文字元件颜色变浅，在第 60～75 帧之间创建补间动画。

图 3-5-13　设置"文字"元件的 Alpha 值

Alpha 值调整后的"文字"元件效果如图 3-5-14 所示。

图 3-5-14　Alpha 值调整后的"文字"元件

（12）在第 90 帧处插入关键帧，选择"文字"元件，在【属性】面板中调整色彩效果，选择【色调】，修改色调相关参数（见图 3-5-15）后，创建补间动画。

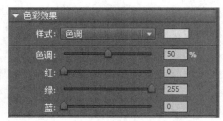

图 3-5-15　修改色调相关参数

色彩效果调整后的文字元件如图 3-5-16 所示。

图 3-5-16　色彩效果调整后的文字元件

（13）在第 95 帧处插入普通帧，使调整色彩后的元件保持一段时间，如图 3-5-17 所示。

（14）在第 96 帧处插入关键帧，再在第 115 帧处插入关键帧，在属性面板中设置 Alpha 值，然后创建补间动画，"文字"元件将重新变回图 3-5-14 所示的"文字"元件。

（15）在第 127 帧处插入关键帧，在【色彩效果】面板（见图 3-5-18）中设置样式为"高级"，修改具体参数后，创建补间动画。

图 3-5-17　插入普通帧

图 3-5-18　【色彩效果】面板

调整【色彩效果】样式后的效果如图 3-5-19 所示。

图 3-5-19　调整【色彩效果】样式后的效果

（16）在第 135 帧处插入普通帧。

（17）测试影片，可以看到"文字"元件的变化过程。

3.6　按钮元件

1．按钮元件简介

按钮元件实际上是包含 4 帧的交互影片剪辑，它只对鼠标动作做出反应，用于建立交互按钮，是创建互动性最重要的部分。按钮元件包含 4 帧，分别是【弹起】【指针经过】【按下】【点击】四种状态。

（1）【弹起】状态：显示鼠标未与按钮交互时按钮的外观（按钮静止）。

（2）【指针经过】状态：显示鼠标悬停在按钮上时按钮的外观（将鼠标指针移到按钮上）。

（3）【按下】状态：显示当按下鼠标左键时按钮的外观（按下按钮）。

（4）【点击】状态：指示按钮的可单击区域（定义按钮响应区域）。

这 4 种状态分别定义了按钮的 4 个关键帧。

从外观上看，按钮可以是任何形式的，如图 3-6-1 所示。比如，可能是位图，也可以是矢量图；可以是矩形，也可以是多边形；可以是一根线条，也可以是一个线框；甚至还可以是看不见的透明按钮。用户还可以在按钮元件中嵌入影片剪辑，从而编辑出生动有趣的动态按钮。

图 3-6-1　各种形式的按钮

2．声音按钮

（1）选择【插入】→【新建元件】命令，弹出【创建新元件】对话框，如图 3-6-2 所示。

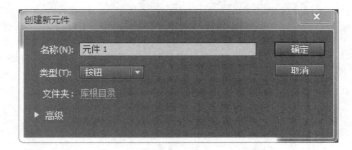

图 3-6-2　【创建新元件】对话框

（2）选择【按钮】类型，单击【确定】按钮，进入按钮编辑区，如图 3-6-3 所示，时间轴中将出现按钮的 4 个状态帧。

（3）在【弹起】一帧，用【椭圆工具】绘制一个椭圆，如图 3-6-4 所示。

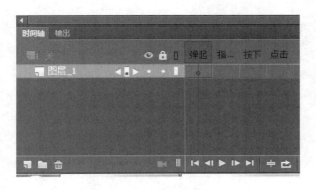

图 3-6-3　按钮编辑区

图 3-6-4　绘制椭圆

（4）在【指针经过】一帧插入关键帧，变换椭圆的颜色，如图 3-6-5 所示。

（5）在【按下】一帧插入关键帧，变换椭圆的颜色（可以将按钮下移一点，制造按钮的真实感），如图 3-6-6 所示。

图 3-6-5　变换椭圆的颜色　　　　　　　　图 3-6-6　再次变换椭圆颜色

（6）新建【图层 2】，如图 3-6-7 所示。

图 3-6-7　新建【图层 2】

（7）在【图层 2】【弹起】一帧的舞台上输入文字"弹起"，如图 3-6-8 所示。

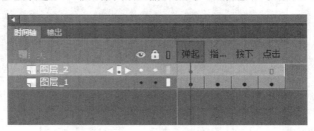

图 3-6-8　输入文字"弹起"

（8）在【图层 2】【指针经过】一帧插入关键帧，在舞台上输入文字"经过"。如图 3-6-9 所示。

（9）在【图层 2】【按下】一帧的舞台上输入文字"按下"，如图 3-6-10 所示。

图 3-6-9　输入文字"经过"　　　　　　　　图 3-6-10　输入文字"按下"

（10）插入【图层 3】，如图 3-6-11 所示。

（11）在【图层 3】的【按下】一帧插入关键帧，如图 3-6-12 所示。

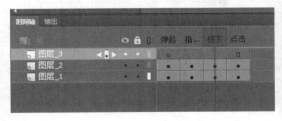

图 3-6-11　插入【图层 3】　　　　　　　　　　图 3-6-12　插入关键帧

（12）选择【文件】→【导入】→【导入到库】命令，打开"雨中漫步-轻音乐网.mp3"声音文件，如图 3-6-13 所示。

（13）在【图层 3】的【按下】一帧添加声音文件"雨中漫步-轻音乐网.mp3"，如图 3-6-14 所示。

图 3-6-13　导入声音文件

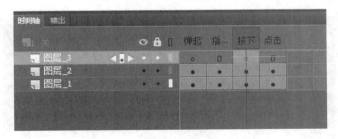

图 3-6-14　添加声音文件

（14）测试影片（按组合键"Ctrl+Enter"），如图 3-6-15 所示。

图 3-6-15　测试影片

3．库按钮

由于版本更新，Animate 软件内部不包含库文件，但可以将 CS6 中的库文件导入 Animate 软件。

（1）搜索"buttons"，找到内部文件，如图 3-6-16 所示。

图 3-6-16 搜索"buttons"文件

（2）将找到的按钮文件拖入 Animate 软件，如图 3-6-17 所示。

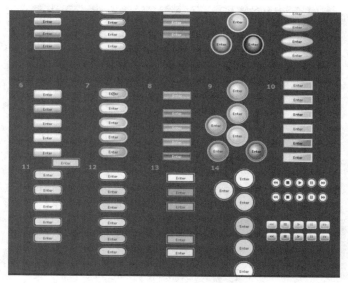

图 3-6-17 导入按钮文件

（3）将文件中的按钮"复制"→"粘贴"到需要的界面。

3.7 影片剪辑元件

1. 影片剪辑元件简介

在 Animate 中，影片剪辑拥有独立于主时间轴的多帧时间轴，可以将影片剪辑看作是主时间轴内的嵌套时间轴，其中包含交互式控件、声音，甚至其他影片剪辑实例。

　　在 Animate 中，影片元件本身就是动画，它还可以是反复使用的小动画，具有互动功能，还可以播放声音。也可以将影片剪辑实例放在按钮元件的时间轴内，以创建动画按钮等。

2．绘制飞舞蝴蝶

　　（1）新建一个空白文档，选择【插入】→【新建元件】命令，弹出【创建新元件】对话框，如图 3-7-1 所示，输入新元件的名称"蝴蝶"，然后在【类型】下拉列表中选择【影片剪辑】。

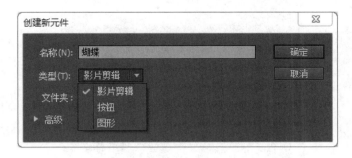

图 3-7-1　"创建新元件"对话框

　　（2）单击【确定】按钮，进入"蝴蝶"影片剪辑元件的编辑界面，如图 3-7-2 所示。在舞台左上角可以看到元件的名称，还能看到代表元件定位点的小十字形。

图 3-7-2　影片剪辑元件编辑界面

　　（3）选择【文件】→【导入】→【导入到库】命令，将相关的蝴蝶素材导入库，如图 3-7-3 所示。

　　（4）插入空白关键帧，在【库】面板中选择需要的图片，将其拖到舞台，如图 3-7-4 所示，按此方法依次添加不同的图片，使各图片的定位点重合。

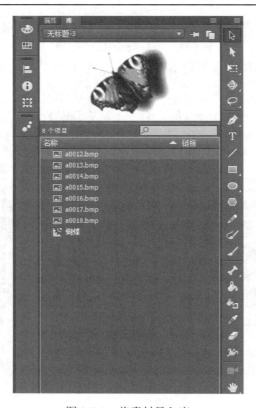

图 3-7-3　将素材导入库

图 3-7-4　将图片添加到舞台

（5）选择【编辑】→【编辑文档】命令，或者直接单击  图标，退出元件的编辑状态，返回主场景中，即可直接从【库】面板中调用刚才编辑好的"蝴蝶"影片剪辑元件，如图 3-7-5 所示。

（6）将"蝴蝶"影片剪辑元件移至舞台右下角。

图 3-7-5　调用影片剪辑元件

（7）在第 25 帧处插入关键帧，将"蝴蝶"元件拖动到舞台左上角，如图 3-7-6 所示。

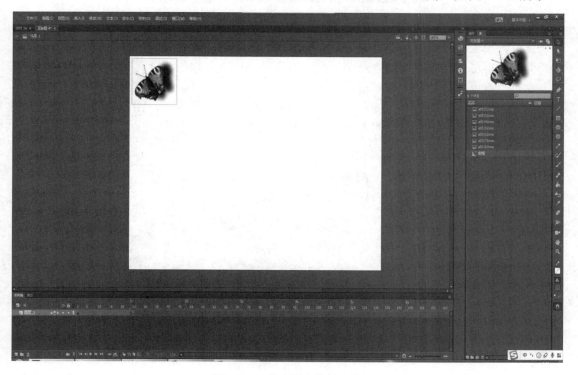

图 3-7-6　移动影片剪辑元件

（8）在第 1～25 帧之间创建传统补间。

3.8　引导层动画

1．引导层动画简介

在 Animate 软件中，将一个或多个层链接到一个运动引导层，使一个或多个对象沿同一条路径运动的动画形式称为"引导层动画"。

1）"引导层动画"的组成

引导层动画通常由两个图层组成：上面一层是引导层 ，下面一层是被引导层 。

2）"引导层动画"的使用

右击【图层 1】，选择【添加运动引导层】，则【图层 1】变成被引导层，【图层 1】上方的图层就是它的引导层，如图 3-8-1 所示。

图 3-8-1　添加【图层 1】的引导层

在引导层上可以绘制引导路径，这些路径线条可以使用钢笔工具、铅笔工具、线条工具、椭圆工具、矩形工具或画笔工具绘制出来。引导层上可以创建的对象包括元件实例、文字或群组等，也可以是分散的矢量图形。

绘制引导层动画时，最重要的就是使运动对象附着在引导线上，在起始点或终止点，被引导对象的中心点一定要分别对准引导线的两个端点。

2．绘制引导层

（1）先绘制一个正方形，如图 3-8-2 所示。

（2）将图形转化为图形元件，如图 3-8-3 所示。

图 3-8-2　绘制一个正方形

图 3-8-3　转化为图形元件

（3）在【图层 1】的第 20 帧插入关键帧，移动元件的位置，在第 1～20 帧之间创建传统补间，如图 3-8-4 和图 3-8-5 所示。

图 3-8-4　插入关键帧

图 3-8-5　创建传统补间

（4）在【图层 1】上方添加引导层，如图 3-8-6 所示。

图 3-8-6　添加引导层

（5）在引导层画出引导线，并将元件的中心点依次与引导线的起始点和终止点对准，如图 3-8-7 和图 3-8-8 所示。一个引导层动画就完成了。

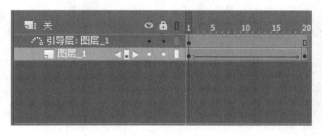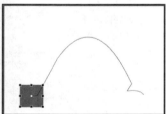

图 3-8-7　将元件中心点对准引导线起始点

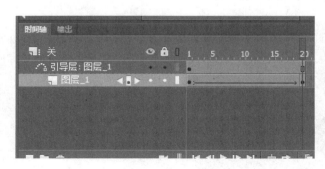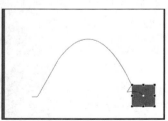

图 3-8-8　将元件中心点对准引导线终止点

3.9　遮罩层动画

1. 遮罩层简介

1）概念

用户可以将多个图层组合放在一个遮罩层下，以创建出多样的效果。遮罩层至少有两个图层，上面的图层为"遮罩层"，下面的图层为"被遮罩层"，这两个图层中重叠的部分才能显示。

2）创建方法

（1）新建一个空白文档，导入一张外部图片，如图 3-9-1 所示。

（2）将图片大小调整为与舞台同大小，如图 3-9-2 所示。

　　　　　　　　　　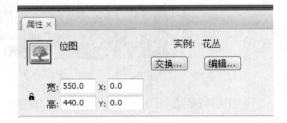

　　　图 3-9-1　导入外部图片　　　　　　　　　　图 3-9-2　调整图片大小

（3）依次在第 1 帧和第 25 帧插入关键帧，如图 3-9-3 所示。

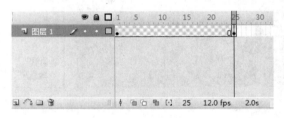

图 3-9-3　插入关键帧

（4）新建【图层 2】，选择【工具箱】中的【椭圆工具】，画一个椭圆，如图 3-9-4 所示。

图 3-9-4　画椭圆

（5）右键单击【图层2】，选择【遮罩层】命令，如图 3-9-5 所示，测试影片。

图 3-9-5　添加遮罩层

（6）在第 1 帧处将椭圆移至舞台右下角，在第 25 帧处将椭圆移至舞台左上角，在第 1～25 帧之间创建补间动画，如图 3-9-6。

图 3-9-6　创建补间动画

2．绘制太阳系

1）绘制地球自转的元件

（1）修改背景，如图 3-9-7 所示。

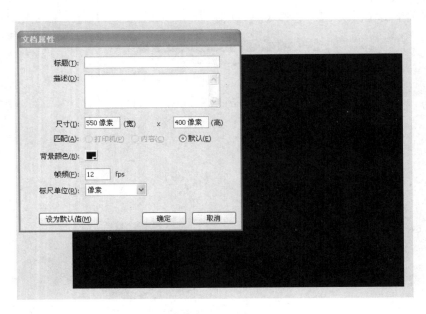

图 3-9-7　修改背景

（2）导入地图图片，如图 3-9-8 所示。

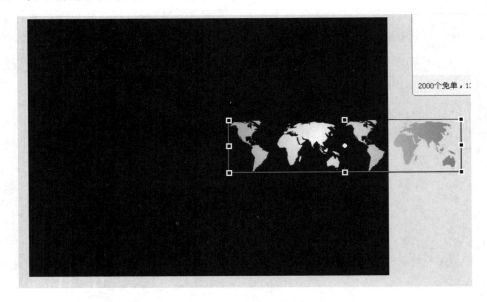

图 3-9-8　导入地图图片

（3）在【图层 1】的第 40 帧插入关键帧，移动地图图片，在第 1～40 帧之间创建补间动画，如图 3-9-9 所示。

（4）插入【图层 2】，如图 3-9-10 所示。

（5）右键单击【图层 2】，选择【遮罩层】命令，如图 3-9-11 所示。

（6）使用【椭圆工具】画一个圆，作为遮罩图形，如图 3-9-12 所示。

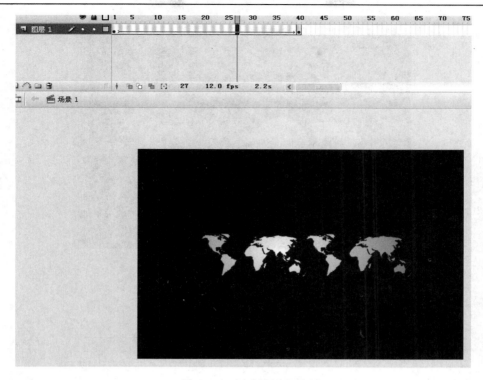

图 3-9-9　创建补间动画

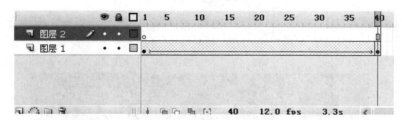

图 3-9-10　插入【图层 2】

图 3-9-11　添加遮罩层

图 3-9-12　绘制遮罩图形

（7）插入【图层 3】，如图 3-9-13 所示。

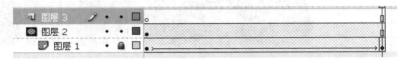

图 3-9-13　插入【图层 3】

（8）使用【椭圆工具】画一个大小一样的圆，并覆盖在原来遮罩层的圆形上，如图 3-9-14 所示。

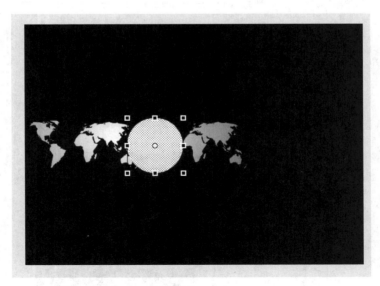

图 3-9-14　绘制圆形

（9）改变圆形的颜色，如图 3-9-15 所示。

（10）在圆形上右击鼠标，选择【转化为元件】命令，在弹出的对话框中选择【图形】类型，单击【确定】按钮，如图 3-9-16 所示。

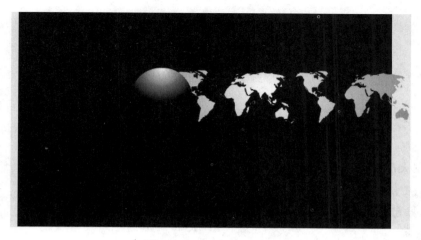

图 3-9-15　改变圆形颜色

（11）选择菜单栏中的【窗口】→【属性】命令，弹出【属性】面板，如图 3-9-17 所示。在【属性】面板的颜色一栏中选择 Alpha，修改透明度为 80%。

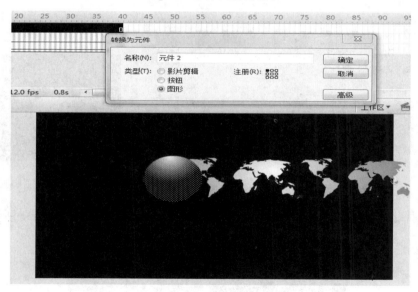

图 3-9-16　将圆形图形转化为"图形"元件

图 3-9-17　【属性】面板

（12）右击圆形图形，选择【转化为元件】命令，弹出【转化为元件】对话框，类型选择【影片剪辑】，如图 3-9-18 所示。

图 3-9-18　将圆形转化为【影片剪辑】元件

2）绘制太阳

（1）新建文档，将背景颜色改为黑色，如图 3-9-19 所示。

（2）在舞台的中心画一个椭圆，如图 3-9-20 所示。

图 3-9-19　设置背景

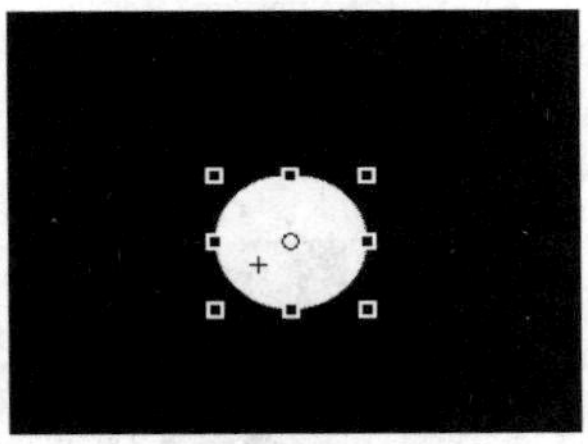

图 3-9-20　画椭圆

（3）选择【工具箱】中的【颜料桶工具】，改变椭圆的颜色，如图 3-9-21 所示。

图 3-9-21　改变椭圆颜色

（4）在【图层 1】的第 120 帧处插入关键帧，创建补间动画，如图 3-9-22 所示。

图 3-9-22　创建补间动画

3）绘制闪动的星空

（1）在【图层 1】上方插入【图层 2】。选择【工具箱】中的【多角星形工具】，调出【属性】面板，如图 3-9-23 所示，单击"选项"按钮，弹出【工具设置】对话框，如图 3-9-24 所示，将【样式】改为"星形"边数设为"5"，再画一个五角星。

图 3-9-23　【属性】面板

（2）调整五角星的颜色，如图 3-9-25 所示。

图 3-9-24　【工具设置】对话框　　　　图 3-9-25　调整五角星的颜色

（3）通过"复制""粘贴"，绘制多个五角星，进行大小、位置、Alpha 值的调整，星空效果如图 3-9-26 所示。

（4）在【图层 2】的第 25 帧插入关键帧，在第 40 帧插入关键帧，在第 25～40 帧之间删去几颗五角星，如图 3-9-27 所示。

（5）在【图层 2】的第 55 帧插入关键帧，在第 40～55 帧之间改变一些五角星的 Alpha 值，如图 3-9-28 所示。

4）绘制划过天际的流星

（1）在【图层 2】上方插入【图层 3】，在【图层 3】的第 55 帧插入关键帧，画一个椭圆，作为流星原型，如图 3-9-29 所示。

图 3-9-26　星空效果　　　　　　　　　　　　图 3-9-27　删去几颗五角星

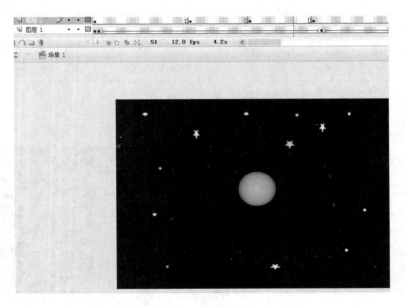

图 3-9-28　改变部分五角星的 Alpha 值

（2）选择【部分选取工具】，对流星的形状进行调整，选择【颜料桶工具】，对流星的颜色进行调整，如图 3-9-30 所示。

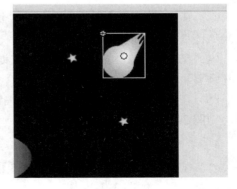

图 3-9-29　绘制流星原型　　　　　　　　　　图 3-9-30　调整流星的形状和颜色

（3）在第 70 帧插入关键帧，改变流星的 Alpha 值，创建补间动画，流星划过天际的最终效果如图 3-9-31 所示。

5）绘制地球的公转

（1）在【图层 3】上方插入【图层 4】，插入"地球"元件，如图 3-9-32 所示，调整其位置，使用【任意变形工具】将"地球"元件的中心点移到太阳的中心。

图 3-9-31　流星划过天际的最终效果　　　　　　图 3-9-32　插入"地球"元件

（2）在【图层 4】的第 60 帧将"地球"元件移到太阳的下方，放大"地球"元件，并将其顺时针旋转 180°，在第 1～60 帧之间创建补间动画，实现"地球"元件从远到近的变形，如图 3-9-33 所示。在第 120 帧缩小"地球"元件，并将其移至太阳的上方，在第 60～120 帧之间创建补间动画，实现"地球"元件从近到远的变形，如图 3-9-34 所示。

图 3-9-33　"地球"从远到近的变形　　　　　　图 3-9-34　"地球"从近到远的变形

（3）在【图层 4】上方添加引导层，选择【工具箱】中的【椭圆工具】，将椭圆的笔触颜色改为"绿色"，填充工具改为"没有"，画一个椭圆，作为引导线，如图 3-9-35 所示，调整"地球"元件的大小和位置。

（4）在椭圆形的引导线上，用橡皮擦擦除一点轨迹，如图 3-9-36 所示。

（5）根据引导层的路线，分别在第 1 帧、第 30 帧、第 60 帧、第 90 帧、第 120 帧的位置将"地球"元件的中心点移到椭圆形引导线上，调整"地球"元件的位置，如图 3-9-37 所示。

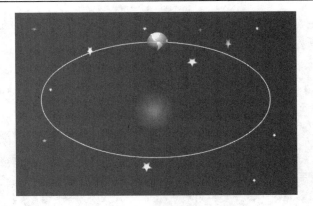

图 3-9-35　绘制引导线

图 3-9-36　擦除轨迹

图 3-9-37　调整"地球"元件的位置

第 4 章　Animate 3D 动画制作

4.1　摄像头

1．摄像头工具简介

摄像头工具是 Animate CC 新增的工具之一，使用摄像头工具可以模拟真实的摄像机制作简单的镜头动画。摄像头工具原本是 Adobe 公司出品的另一款专业的后期合成软件 After

Effects 的特色工具，而在 Animate CC 中增加摄像头工具，是其向专业软件迈进的重要尝试。不过，Animate CC 的摄像头工具主要包含一些基本的操作，很多细节参数的调整功能没有加入。另外，如果使用了图层深度调整功能，会占用较大的系统资源。

总体来说，Animate CC 中加入摄像头工具，有利于在图层较多的文件中创作镜头动画。因此，摄像头工具对于动画制作，尤其对于镜头动画创作而言，是有益的补充。

2．摄像头工具基本使用

1）启用或禁用摄像头

单击【工具箱】中的【摄像头】图标，或单击【时间轴】中的【添加/删除摄像头】按钮，即可启用或禁用摄像头，如图 4-1-1 所示。

启用摄像头后，舞台边界的颜色将与摄像头图层的颜色相同。

2）缩放摄像头

使用舞台下方的缩放控件或设置【摄像头属性】面板中的缩放值，可缩放摄像头，如图 4-1-2 所示。

图 4-1-1　启用或禁用摄像头

图 4-1-2　缩放摄像头

3）旋转摄像头

使用舞台下方的旋转控件或设置【摄像头属性】面板中的旋转值，可旋转摄像头，如图 4-1-3 所示。

4）平移摄像头

单击摄像头图层，在舞台任意位置单击摄像头的定界框并拖动。也可以通过【摄像头属性】面板中的坐标 X（水平）和 Y（垂直）来精确定位摄像头，如图 4-1-4 所示。

3. 镜头工具基本使用实例

（1）新建一个 800*500 的空白文档，选择【文件】→【导入】→【导入到库】命令，将"小车"与"马路"素材导入到库。

（2）将"马路"素材拖进舞台，在【位置和大小】面板（见图 4-1-5）将素材调整至合适大小，将该图层命名为"马路"，并在第 60 帧插入普通帧。

图 4-1-3　旋转摄像头

图 4-1-4　平移摄像头

图 4-1-5　【位置和大小】面板

（3）单击【场景 1】标题右边的 ▢ 按钮，只显示舞台中的图像。

（4）新建图层，命名为"小车"。将"小车"图片拖入舞台（见图 4-1-6），放在舞台最右侧。在第 60 帧处插入关键帧，同时将"小车"图片移至舞台最左侧，在第 1～60 帧之间创建传统补间。

图 4-1-6　添加"小车"素材

（5）单击摄像头按钮，创建摄像头图层（见图 4-1-7）。单击摄像头图层第 1 帧，在属性面板上将缩放值改为 250%，调整 X 和 Y 的数值，直至"小车"图片完全显示在舞台中央。

图 4-1-7　添加摄像头图层

（6）在摄像头图层第 30 帧插入关键帧，且改变"小车"属性面板上【位置】X 的值，但使"小车"继续显示在舞台中央，在第 1～30 帧之间创建传统补间（见图 4-1-8）。

图 4-1-8　创建传统补间

（7）在摄像头图层第 60 帧插入关键帧，且调整"小车"属性面板中【位置】Y 的值，使"小车"不完全离开舞台，在第 30～60 帧之间创建传统补间。

4.2　图层深度

1. 图层深度简介

图层深度是 Animate CC 摄像头工具最重要的属性，可以通过它为每个图层增加深度。

简单来说，使用该功能可以将普通图层变为类似于 After Effects 中的 3D 图层。2D 动画只能进行上下、左右两个维度的运动，即沿 X、Y 轴方向运动；而 3D 动画还可以实现前后运动，即沿着 Z 轴方向运动。

之前只学习了使用 Animate 进行平面操作，即通过【选择工具】，对图层中的物体进行上下、左右移动；而物体的前后移动，只能使用【任意变形工具】对其放大或缩小，来模拟前后运动的效果。而现在，通过学习图层深度相关知识，我们可以实现真实的前后运动效果了。

2. 摄像头与图层深度混合实例

（1）新建一个 800×500 的空白文档，选择【文件】→【导入】→【导入到库】命令，将"小车"与"马路"素材导入到库。

（2）将"马路"素材拖进舞台，调整其位置与大小，直至与舞台重合（见图 4-2-1）。将该图层命名为"马路"，并在第 60 帧处插入普通帧。

（3）单击 按钮，只显示舞台中的图像。

（4）新建图层，命名为"小车"。在第 1 帧将"小车"素材拖入舞台，放在舞台最右侧。在第 60 帧处插入关键帧，将"小车"素材移至舞台最左侧，在第 1～60 帧之间创建传统补间动画，如图 4-2-2 所示。

图 4-2-1　调整素材的位置和大小

图 4-2-2　给"小车"创建补间动画

（5）单击 ，创建摄像头图层，在第 1～60 帧之间创建补间动画。

（6）单击 ，打开【图层深度】面板，将 Camera 图层深度值改为 500，如图 4-2-3 所示。

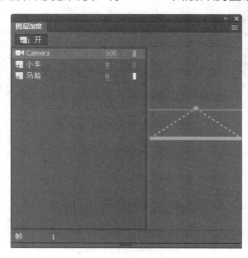

图 4-2-3　修改图层深度

（7）在摄像头图层第 30 帧处将图层深度值改为 300，在第 60 帧处将深度值改为 0。

4.3　骨骼工具

在 Animate CC 中，骨骼工具用来创建影片剪辑的骨架或者向量形状的骨架，制作一些简单的动作。

在创建项目时，要创建 ActionScript 3.0 文件，骨骼工具的使用对象必须是元件，不能是图片。如果需要对文字绑定骨骼，只需把文字转换为元件即可。

下面通过一个案例了解骨骼工具的简单应用。

（1）双击 Animate CC 图标，打开软件（Animate CC 软件起始界面见图 4-3-1）。

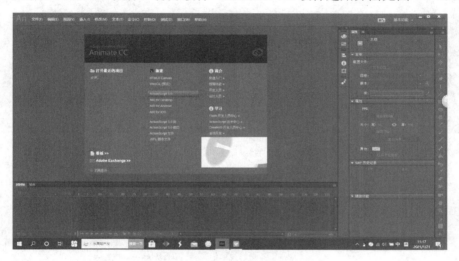

图 4-3-1　Animate CC 软件起始界面

（2）新建 ActionScript 3.0 文档，如图 4-3-2 所示。

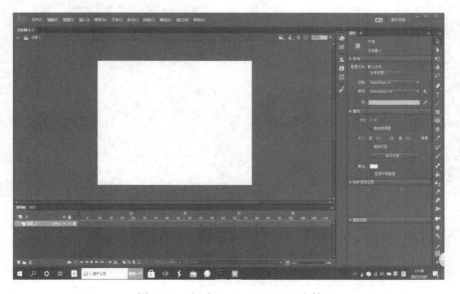

图 4-3-2　新建 ActionScript 3.0 文档

（3）在【工具箱】找到【圆形工具】，绘制两个圆形，如图 4-3-3 所示。

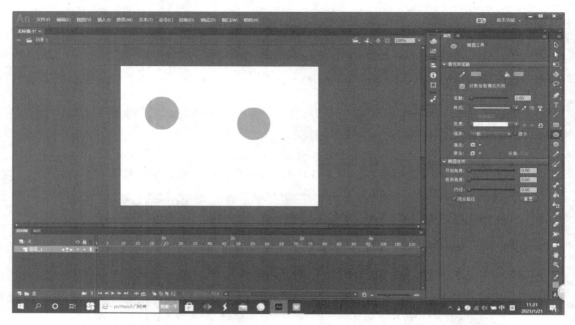

图 4-3-3　绘制图形

（4）把两个圆形分别转换为影片剪辑元件，如图 4-3-4 所示。

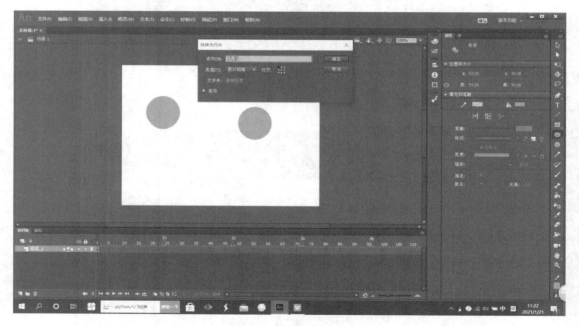

图 4-3-4　将圆形转换为元件

（5）在【工具箱】选择【骨骼工具】，如图 4-3-5 所示。

（6）单击圆形元件，并拖动鼠标，连接两个元件，如图 4-3-6 所示。

（7）自动生成一个骨架图层，如图 4-3-7 所示。

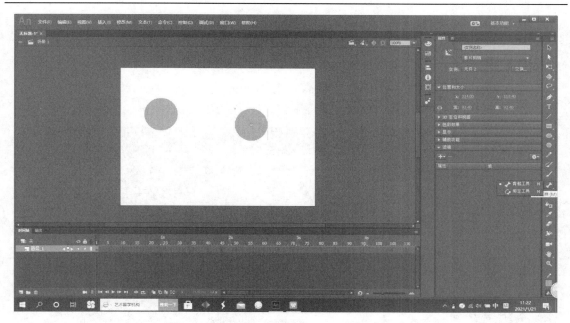

图 4-3-5　选择【骨骼工具】

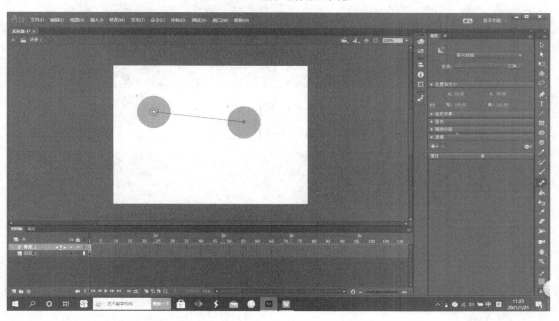

图 4-3-6　连接元件

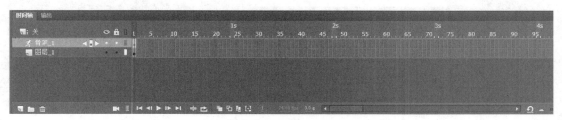

图 4-3-7　生成骨架图层

4.4　骨骼工具实例

本节课我们要用骨骼工具制作一个手臂摆动的动画。

（1）绘制如图 4-4-1 所示的形状，并逐个将其转化为图形元件。

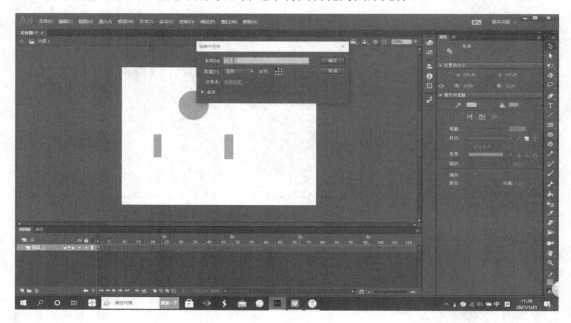

图 4-4-1　绘制图形

（2）把各个元件调整成手臂形状，如图 4-4-2 所示。

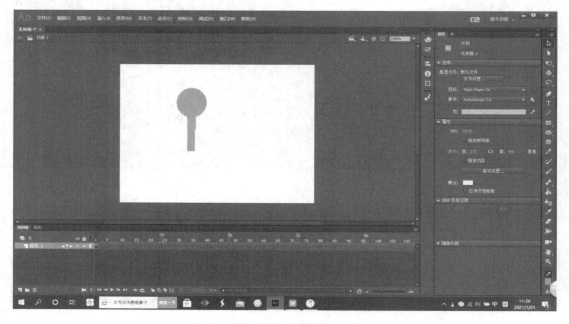

图 4-4-2　调整图形

（3）在工具栏选择【骨骼工具】，如图 4-4-3 所示。

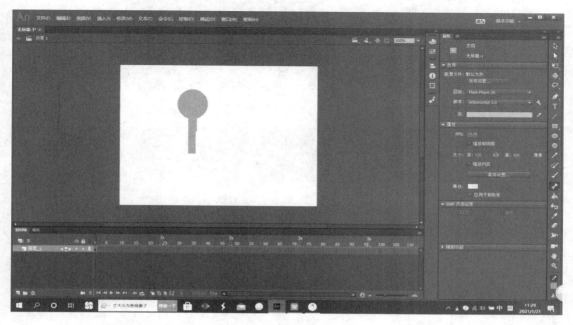

图 4-4-3 选择【骨骼工具】

（4）单击元件，并拖动鼠标，从上到下逐个连接元件，如图 4-4-4 所示。

图 4-4-4 连接元件

（5）自动生成骨架图层，如图 4-4-5 所示。

（6）调整元件位置，并在骨架图层第 30 帧处单击鼠标右键，选择【插入姿势】命令，调整手臂形状，如图 4-4-6 所示，在第 60 帧处也插入姿势，再次调整手臂形状，如图 4-4-7 所示。

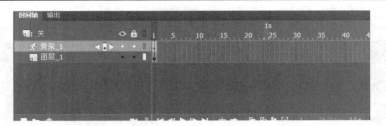

图 4-4-5　生成骨架图层

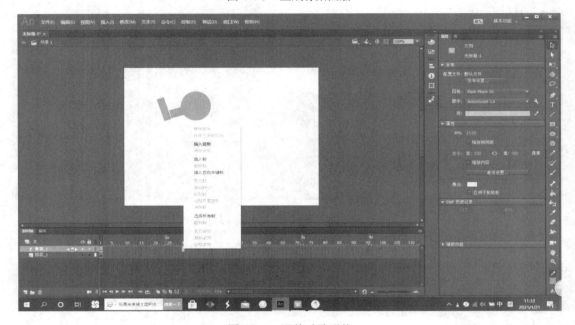

图 4-4-6　调整手臂形状

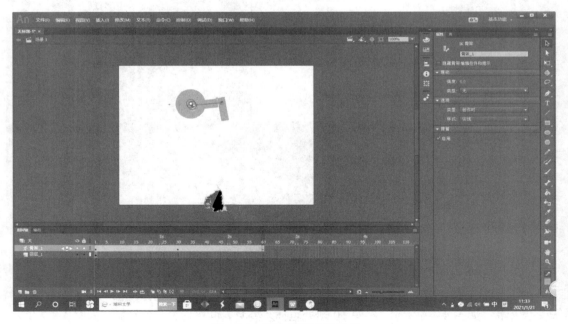

图 4-4-7　再次调整手臂形状

（7）生成动画，动画的测试效果如图 4-4-8 所示。

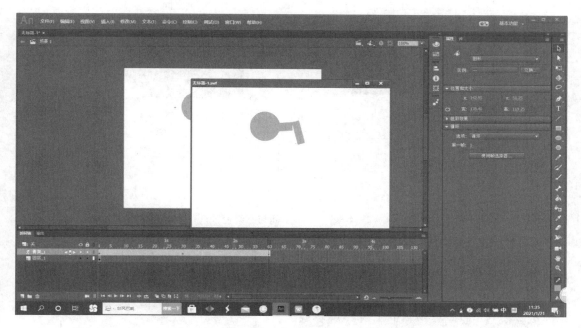

图 4-4-8　动画的测试效果

4.5　3D 动画工具

在 Animate 舞台的 3D 空间中移动和旋转影片剪辑，创建 3D 效果。使用【3D 平移工具】和【3D 旋转工具】，可以向影片剪辑实例中添加 3D 透视效果。

1．二维空间与三维空间（见图 4-5-1）

二维空间（2D）是指仅由长度和宽度（在几何学中为 X 轴和 Y 轴）两个要素所组成的平面空间，只能平面延伸与扩展。二维空间呈面性。同时也是美术上的一个术语，例如，绘画就是将三度空间的事物用二度空间来呈现。

三维空间（3D）是指由长、宽、高构成的立体空间，三维空间呈体性。三维空间的长、宽、高 3 条轴表示三维空间中的物体相对原点 O 的距离关系。

2．3D 旋转工具

文档【属性】面板如图 4-5-2 所示，【3D 旋转工具】包括【全局模式】和【局部模式】，通过单击【工具箱】选项中的【全局转换】按钮（见图 4-5-3）进行转换，也可以在使用【3D 旋转工具】进行拖动的同时按 D 键，临时从【全局模式】切换到【局部模式】。

在【3D 旋转工具】的【属性】面板（见图 4-5-4）中可以进行【变形】【位置和大小】【3D 定位和视图】的设置和调整。

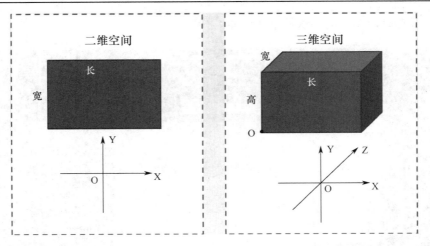

图 4-5-1 二维空间与三维空间

图 4-5-2 文档【属性】面板

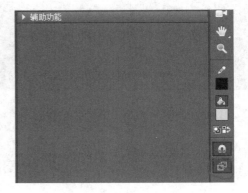

图 4-5-3 【全局转换】按钮

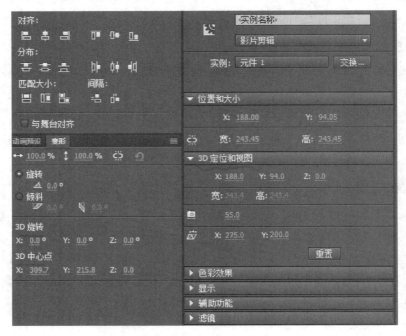

图 4-5-4 【3D 旋转工具】的【属性】面板

3. 透视

透视角度：通过相应的设置，能缩放舞台视图，更改透视角度效果（见图 4-5-5），与照相机镜头的缩放类似。

消失点：输入相应的坐标数值，能在舞台上平移 3D 对象。

每个 fla 文件只有一个透视角度和消失点位置。

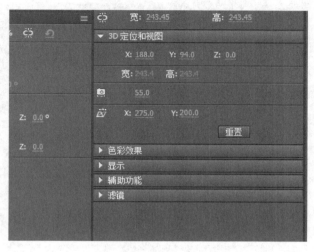

图 4-5-5　更改透视效果

4.6　3D 动画实例

下面通过具体的例子来学习 3D 动画工具的使用。

（1）新建一个 .fla 文件，设置尺寸为"600×400"像素，并以文件名"3D 动画实例 .fla"保存，如图 4-6-1 所示。

图 4-6-1　新建文件

（2）选择【矩形工具】，在舞台中绘制一个矩形，将其转换为影片剪辑元件，命名为"矩形"，如图 4-6-2 所示。

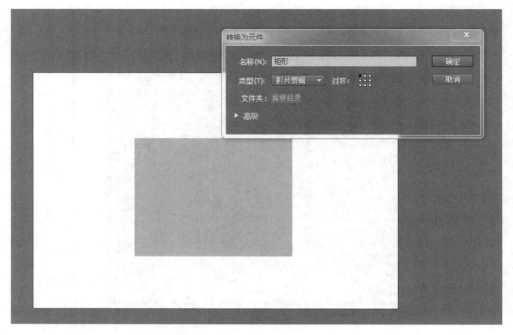

图 4-6-2　绘制"矩形"元件

（3）选择【3D 旋转工具】，鼠标在"矩形"元件上面移动时可以看到多条彩色线条，按住红色线，元件绕 X 轴旋转；按住绿色线，元件绕 Y 轴旋转；按住蓝色线，元件绕 Z 轴旋转；使用橙色线的自由旋转控件，可将元件同时绕 X 轴和 Y 轴旋转，如图 4-6-3 所示。

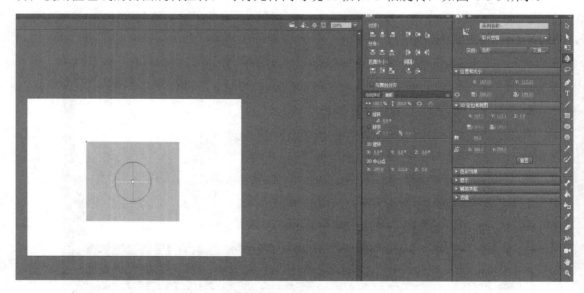

图 4-6-3　使用【3D 旋转工具】

（4）转换为全局模式，如图 4-6-4 所示。

（5）通过【变形】面板修改元件参数，旋转"矩形"元件，如图 4-6-5 所示。

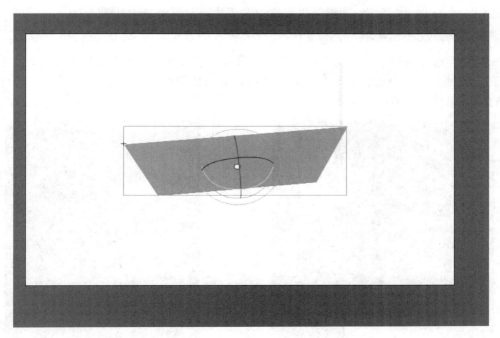

图 4-6-4　转换为全局模式

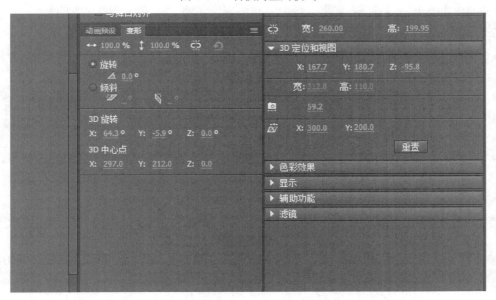

图 4-6-5　修改元件参数

（6）另外，可使用【3D 平移工具】对元件进行平移。

4.7　滤镜的应用

1. 滤镜简介

滤镜是一种对对象的像素进行处理以生成特定效果的方法，滤镜可应用于文本、影片剪辑及按钮。Animate 中全部的滤镜效果都集中在【滤镜】面板中（见图 4-7-1）。

1）应用滤镜的方法

在舞台上选择要应用滤镜的文本、影片剪辑或按钮对象，在【滤镜】面板中单击【添加滤镜】按钮 ➕，然后从弹出的下拉列表中选择需要的滤镜效果，如图 4-7-2 所示，也可以对一个对象应用多个滤镜。

图 4-7-1　【滤镜】面板

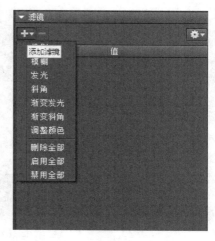

图 4-7-2　添加滤镜

2）滤镜效果

- 投影：用于模拟对象在一个表面投影的效果，或者在背景中剪出一个形似对象的洞，模拟对象的外观。
- 模糊：用于柔化对象的边缘和细节，使对象看起来好像位于其他对象的后面，或者看起来好像是运动的。
- 发光：用于为对象的整体边缘应用颜色。
- 斜角：用于向对象应用加亮效果，使其看起来凸出于背景表面。可创建内斜角、外斜角或者完全斜角。
- 渐变发光：用于在对象表面产生带渐变颜色的发光效果。
- 渐变斜角：用于产生一种凸起效果，使得对象看起来好像从背景上凸起，且斜角表面有渐变颜色。
- 调整颜色：用于调整所选影片剪辑、按钮或文本对象的亮度、对比度、色相和饱和度。

3）删除、启用与禁用效果

单击【添加滤镜】按钮 ➕，弹出的下拉菜单中还有【删除全部】【启用全部】与【禁用全部】3 个选项，具体功能如下。

删除全部：可将对象上应用的滤镜效果全部删除。

禁用全部：可将对象上应用的滤镜效果全部禁用。

启用全部：可启用全部滤镜效果。

2．绘制奔跑的马

（1）新建文档后，缩小舞台尺寸，设为 500×200 像素，【文档设置】对话框如图 4-7-3

所示。

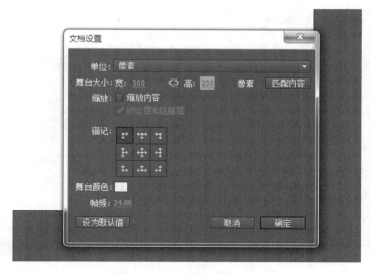

图 4-7-3　【文档设置】对话框

缩小后的舞台如图 4-7-4 所示。

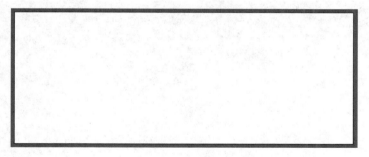

图 4-7-4　缩小后的舞台

（2）在【颜色】面板的类型中选择【线性渐变】，设置从绿到蓝的渐变，如图 4-7-5 所示。

图 4-7-5　设置从绿到蓝的渐变

（3）单击【工具箱】中的【颜料桶工具】 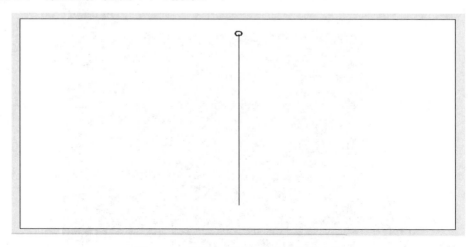　，按住鼠标右键并拖动鼠标，在舞台上从下往上画一条直线，如图 4-7-6 所示。

图 4-7-6　使用【颜料桶工具】绘制直线

使用【颜料桶工具】的效果如图 4-7-7 所示。

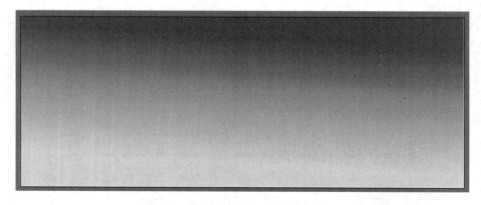

图 4-7-7　使用【颜料桶工具】的效果

（4）新建图层，改名为"马"，如图 4-7-8 所示。

图 4-7-8　新建图层

（5）选择【文件】→【导入】→【导入到库】命令，将马奔跑的动画元件导入到库，如图 4-7-9 所示。

动画元件导入到库的效果如图 4-7-10 所示。

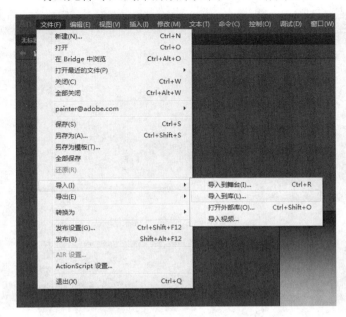
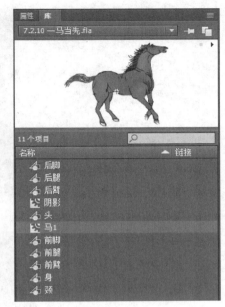

图 4-7-9　将动画元件导入到库　　　　　图 4-7-10　动画元件导入到库的效果

（6）将"马 1"元件拖入舞台，调整其位置与大小，如图 4-7-11 所示。

图 4-7-11　添加"马 1"元件

（7）新建图层，改名为"影"，选择【插入】→【新建元件】命令，选择【影片剪辑】类型，在新元件中拖入"马的影子"元件，在【滤镜】属性面板中修改投影参数，如图 4-7-12 所示。

（8）将"马的影子"元件的形状、大小进行调整，如图 4-7-13 所示。

（9）返回【场景 1】，拖入"马的影子"元件，调整到合适的位置，这样就形成了奔跑的马的效果，如图 4-7-14 所示。

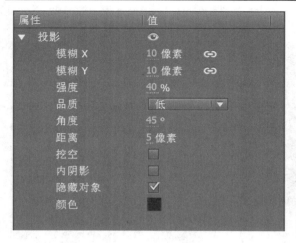

图 4-7-12　修改滤镜参数　　　　　　　图 4-7-13　调整 "马的影子" 元件

图 4-7-14　奔跑的马的效果

3．绘制特效文字

方法一

（1）单击【工具箱】中的【文本工具】按钮 **T** ，创建文本框，在文本框中输入文字 "Animate 案例教程"，如图 4-7-15 所示，将背景颜色设为 "黑色"。

图 4-7-15　添加文字

（2）在【滤镜】面板中添加【投影】滤镜，并修改参数，如图 4-7-16 所示。

（3）特效文字的效果如图 4-7-17 所示。

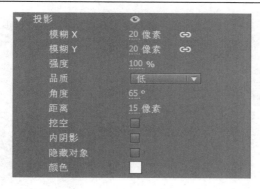

图 4-7-16　添加【投影】滤镜

图 4-7-17　特效文字的效果

方法二

（1）同方法一的步骤（1）。

（2）在【滤镜】面板中添加【发光】滤镜，具体参数如图 4-7-18 所示。

图 4-7-18　添加【发光】滤镜

（3）特效文字的效果如图 4-7-19 所示。

图 4-7-19　特效文字的效果

4.8　混合模式

1. 混合模式简介

混合模式使用了数学算法，包含通过一定的运算，混合叠加在一起的两层图像。利用混合模式，我们可以改变两个或两个以上重叠对象的透明度或颜色间的相互关系，实现丰富多彩的效果。Animate 中全部的混合模式都集中在【显示】面板（图 4-8-1）中。

1）应用混合模式的方法

在舞台上选择要应用混合模式的影片剪辑或按钮对象，在【显示】面板中单击【混合】按钮▼，然后从下拉列表中选择需要的混合模式，如图 4-8-2 所示。

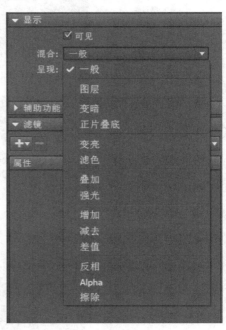

图 4-8-1　【显示】面板　　　　　　　　图 4-8-2　选择混合模式

2）混合模式

- 一般：指正常应用颜色，不与基准颜色有交互。
- 图层：可以叠加各个影片剪辑，而不影响其颜色。
- 变暗：只替换比混合颜色亮的区域，比混合颜色暗的区域保持不变。
- 正片叠底：使基准颜色和混合颜色复合，从而产生较暗的颜色。
- 变亮：只替换比混合颜色暗的区域，比混合颜色亮的区域保持不变。
- 滤色：指使混合颜色的反色和基准颜色复合，产生漂泊的画面效果。
- 叠加：会进行色彩增值或滤色，具体情况取决于基准颜色。
- 强光：会进行色彩增值或滤色，具体情况取决于混合模式颜色，该效果类似于用点光源照射对象的效果。
- 增加：指在基准颜色的基础上增加混合颜色。
- 减去：指从基准颜色中去除混合颜色。
- 差值：指从基准颜色中减去混合颜色，或从混合颜色中减去基准颜色，具体取决于哪个颜色的亮度值较大。
- 反相：取基准颜色的反色。
- Alpha：可以透明显示基准颜色。
- 擦除：指擦除所有基准颜色的像素。

注意：在 Animate 中，并不是所有的对象都能应用混合模式，适用混合模式的只有影片剪辑和按钮。

2．绘制星空城堡

（1）新建一个文档。通过【文件】→【导入】→【导入到舞台】命令，将星空图片导入舞台，并将图片调整至与舞台同大小，如图 4-8-3 所示。

（2）将图片转换为影片剪辑元件（见图 4-8-4），命名为"星空"（见图 4-8-5）。

图 4-8-3　导入星空图片

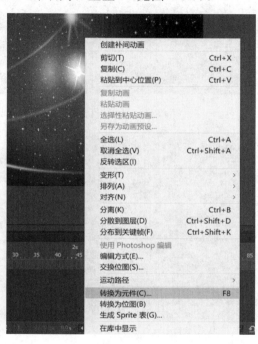

图 4-8-4　转换为元件

（3）再通过相同的方式将城堡图片导入舞台，修改图片大小，调整好图片位置。同样将城堡图片转换为影片剪辑元件，命名为"城堡"，如图 4-8-6 所示。

图 4-8-5　命名为"星空"

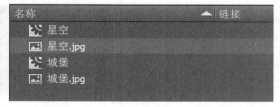

图 4-8-6　添加"城堡"元件

（4）然后在"城堡"元件属性面板中的【显示】栏中，将混合模式改为【叠加】模式，如图 4-8-7 所示。

（5）这样我们就制作出了一座精美的城堡，效果如图 4-8-8 所示。

3．绘制叠加效果

（1）新建一个文档。将图片导入舞台，并将图片调整至与舞台同大小，如图 4-8-9 所示。

（2）将图片转换为影片剪辑元件，如图 4-8-10 所示。

图 4-8-7　设置混合模式　　　　　　　　　图 4-8-8　城堡效果

图 4-8-9　导入图片　　　　　　　　　　　图 4-8-10　转换为元件

（3）新建一个图层，在该图层中利用【矩形工具】画出一个与舞台大小相同的矩形，并用白色填充，然后再将该图形转换为影片剪辑元件，如图 4-8-11 所示。

（4）在"矩形"元件属性面板中的【显示】面板（见图 4-8-12）中，将混合模式改为【叠加】模式。这样图片的亮暗对比更加明显，图像也更加清晰了，效果如图 4-8-13 所示。

图 4-8-11　添加"矩形"元件　　　　　　　　图 4-8-12　【显示】面板

图 4-8-13　设置混合模式后的效果

4.9　模板与组件

组件的使用

组件是带参数的影片剪辑元件，通过设置参数，可以修改组件的外观和行为，组合使用这些组件，结合相应的 ActionScript 语句，可以制作出具有交互功能的交互式动画。

常见的组件有单选按钮组件、复选按钮组件、下拉列表组件、按钮组件。

单击菜单栏中的【窗口】→【组件】命令，如图 4-9-1 所示，就可以打开【组件】面板（组合键为"Ctrl+F7"）。

如图 4-9-2 所示，【组件】面板中包括多种内置的组件，如 User Interface 组件（即 UI 组件）和 Video 组件。各类组件的具体功能不同，User Interface 组件是应用最广的组件之一。

图 4-9-1　打开【组件】面板　　　　　　　　图 4-9-2　【组件】面板

1）单选按钮组件 RadioButton

主要用于选择一个唯一的选项，这里我们用它来做关于性别的选项。

（1）先在【组件】面板下的 User Interface 类中选择 RadioButton。

（2）按住鼠标左键不放，将其拖到舞台上，创建按钮（双击也可以添加按钮）。

（3）选中舞台中的单选按钮，单击菜单栏中的【窗口】→【组件参数】命令，打开【组件参数】面板，如图 4-9-3 所示，可对单选按钮的参数进行设置。

图 4-9-3　【组件参数】面板

（4）将【组件参数】中的【label】属性设置为"男"，如图 4-9-4 所示。

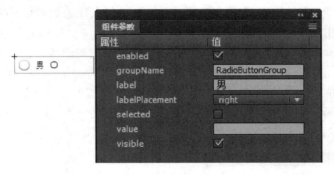

图 4-9-4　在【组件参数】面板中设置参数

（5）再以同样的方法，创建一个"女"的单选按钮，如图 4-9-5 所示。

图 4-9-5　创建单选按钮

2）复选框组件 CheckBox

复选框组件 CheckBox 主要用于创建多个复选框，下面我们用复选框创建关于兴趣爱好的选项。

（1）先在【组件】面板下的【User Interface】类中选择 CheckBox。

（2）按住鼠标左键不放，将其拖到舞台上，单击舞台中的复选框组件，在其【组件参数】面板中可对复选框的参数进行设置，我们将它的【label】值设置为"看书"，如图 4-9-6 所示。

（3）再以同样的方法分别创建【label】属性为"散步""听歌"的复选框组件，即完成了兴趣爱好选项的创建，如图 4-9-7 所示。

图 4-9-6　设置参数　　　　　　　　　图 4-9-7　创建复选框组件

3）下拉列表组件 ComboBox

下拉列表组件 ComboBox 用于在弹出的下拉列表中选择需要的选项，下面我们使用它创建关于学历的选项。

（1）先在【组件】面板下的【User Interface】类中选择 ComboBox，将其拖到舞台上，创建列表按钮，选中舞台中的下拉列表组件，在【组件参数】面板中可对下拉列表的参数进行设置，如图 4-9-8 所示。

（2）单击【dataProvider】右边的小按钮"【】"，弹出【值】对话框，如图 4-9-9 所示。

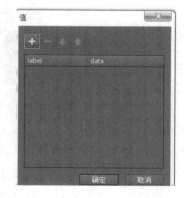

图 4-9-8　在【组件参数】面板中设置下拉列表的参数　　　图 4-9-9　【值】对话框

（3）单击左上角的"+"按钮，为下拉列表框添加选项，如图 4-9-10 所示。

单击"−"按钮，可以删除当前选择的选项，如图 4-9-11 所示；单击向上的箭头按钮或向下的按钮，可以改变选项的顺序，如图 4-9-12 所示。

图 4-9-10　添加选项　　　　　　　　　图 4-9-11　删除选项

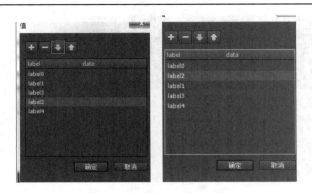

图 4-9-12　改变选项的顺序

（4）单击【label】选项，将"label"值改为"小学"，如图 4-9-13 所示。

（5）再以同样的方法添加"初中""高中""大学"三个下拉选项，即完成了学历选项的设置，如图 4-9-14 所示。

图 4-9-13　设置 label 值

图 4-9-14　完成学历选项的设置

4）按钮组件 Button

通过鼠标和键盘进行的交互，可以通过制作【提交】等按钮来实现。

（1）先在【组件】面板下的 User Interface 类中选择 Button。

（2）创建按钮，选中舞台中的按钮组件，在其【组件参数】面板中对按钮的参数进行设置，将【label】属性设置为【提交】，如图 4-9-15 所示。

（3）测试动画，效果如图 4-9-16 所示。

（4）单击或勾选选项，测试选项功能，如图 4-9-17 所示。

图 4-9-15　修改按钮组件的名称

图 4-9-16　测试动画效果

图 4-9-17　测试选项功能

4.10　声音与视频应用

1. 音频使用

1）导入音频文件

（1）打开"小鸟.fla" flash 文档。

（2）执行【文件】→【导入】→【导入到库】命令，将"纯音乐-清新的古风曲子.mp3"音频导入。

（3）添加【图层 2】，选中【图层 2】第 1 帧，在【声音】面板（见图 4-10-1）选中"纯音乐-清新的古风曲子.mp3"。

2）添加声音按钮

（1）打开"按钮元件.fla"文档。

（2）插入【图层 4】，并命名为"声音"，如图 4-10-2 所示。

　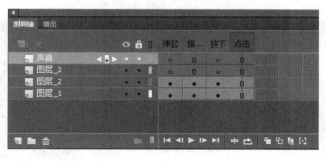

图 4-10-1　【声音】面板　　　　　　　图 4-10-2　插入【声音】图层

（3）在【声音】图层的"按下"一帧，右击"插入关键帧"，如图 4-10-3 所示。

图 4-10-3　插入关键帧

（4）选择【文件】→【导入】→【导入到库】，添加【叮咚.mp3】声音文件，如图 4-10-4 所示。

（5）在【声音】图层"按下"一帧的【声音】面板中，选择"叮咚.mp3"声音文件，如图 4-10-5 所示。

2. 视频使用

1）导入视频

（1）执行【文件】→【导入】→【导入视频】命令，添加视频"电磁振荡.mp4"，如图 4-10-6 所示。

图 4-10-4 导入"叮咚.mp3"声音文件

图 4-10-5 选择"叮咚.mp3"声音文件

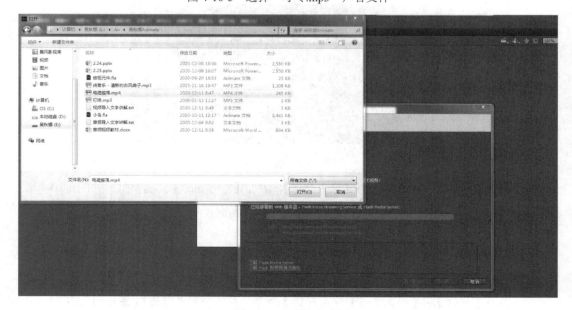

图 4-10-6 导入视频

（2）单击【下一步】按钮，弹出【设定外观】对话框，如图 4-10-7 所示。

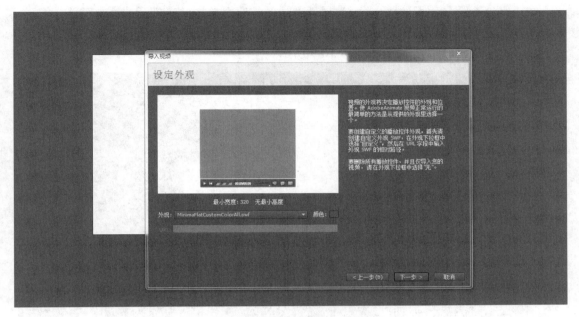

图 4-10-7　【设定外观】对话框

（3）完成视频外观的设置后，单击【下一步】按钮，最后单击【完成】按钮，就完成了视频的导入。

2）通过组件导入视频

（1）新建一个【ActionScript3.0】文档。

（2）按组合键 "Ctrl+F7"，打开【组件】面板，如图 4-10-8 所示，展开【Video】文件夹，在其中双击【FLVPlayback】组件。

图 4-10-8　【组件】面板

（3）将播放器组件添加到舞台中，添加相应的视频文件。

在【组件参数】面板的"source"属性旁边的按钮上单击，在打开的【内容路径】对话框中选择相应的路径，打开【浏览源文件】对话框，选择我们需要插入的视频文件"电磁振荡.mp4"，单击【打开】按钮，如图 4-10-9 所示。

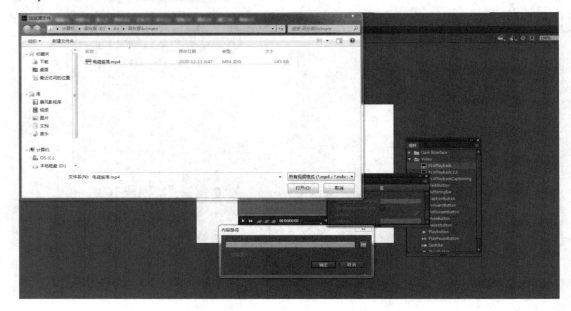

图 4-10-9　导入视频文件

（4）返回【内容路径】对话框，单击【确定】按钮，播放器组件中将会显示载入的视频文件，便可以在组件中播放视频了。

（5）视频导入后，我们可以在【属性】面板中设置合适"宽"和"高"，【组件参数】面板中有多个属性，我们可以单击【skin】右边的按钮，在弹出的【选择外观】对话框中设置合适的外观与颜色，以及设置其他的属性，如图 4-10-10 所示。

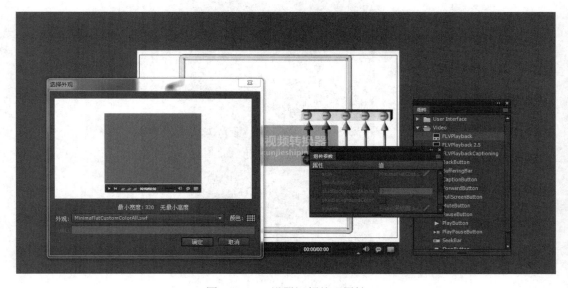

图 4-10-10　设置视频外观属性

第 5 章 Animate 交互动画制作

5.1 ActionScript3.0 之常量与变量

1．常量

常量是指程序运行过程中不会改变的量，在 Animate 中可将其划分为 3 种类型，分别是数值型、字符串型和逻辑型。数值型是由具体数值表示的定量参数，可以直接输入到参数设置区的文本框内。字符串型是由若干字符组成的，当屏幕上需要出现提示信息时，就可使用字符串型常量。在定义字符串型常量时，必须在字符串的两端使用双引号，否则 Animate 将把它当作数值型常量。逻辑型常量用于判断条件是否成立，成立时为"真"，使用 True 或 1 表示；不成立时为"假"，使用 False 或 0 表示。

2．变量的类型

在 Animate 中，无须显式定义一个变量是存储数值、字符串或其他数据类型。Animate 在给变量赋值时自动确定变量的数据类型，例如：

S=7;

在该表达式中，Animate 计算操作符右边的元素，确定它是数值型。后面的赋值操作会改变 N（数字，Number 的简写，该表达式中为 7）的类型。

S=："现在是 1 月"；

在该表达式中，Animate 会把"现在是 1 月"的类型识别为字符串型。没有赋值的变量的数据类型为 undefined（未定义型）。

3．变量的命名

变量是一种可以保留任何数据类型值的标示符，它可以被创建、改变和更新，它的存储值可以在脚本中被检索。

给变量命名必须遵守以下规则。

（1）变量名必须是一个标识符。

（2）变量名不能是一个关键字或逻辑常量（True 或 False）。

（3）变量名在它的作用范围内必须是唯一的。

4．变量的声明

在 ActionScript 中不需要声明变量，但是，声明变量是良好的编程风格，便于掌握变量的生命周期，明确知道某一个变量的意义，有利于程序的调试。通常，在动画的第 1 帧就已经声明了大部分的全局变量，并为它们赋予了初始值。每一个影片剪辑对象都拥有自己的一套变量，而且不同影片剪辑对象中的变量相互独立，互不影响。

在程序中，给一个变量直接赋值或者使用 aVariable 语句赋值，就相当于声明了全局变量；局部变量的声明需要用 var 语句。在一个函数体内，用 var 语句声明变量，该变量就成了这个函数的局部变量，它将在函数执行结束时被释放；在主时间轴上使用 var 语句声明的变量也是全局的，它们在整个动画结束时才会被释放。

在声明了一个全局变量之后，紧接着再次使用 var 语句声明该变量，那么，这条 var 语句无效，例如：

```
aVariable = 10;
var aVariable;
aVariable += 1;
```

在上面的代码中，变量 aVariable 被重复声明了两次，其中 var 语句的声明被视为无效，脚本执行后，变量 aVariable 的值将为 11。

在进行变量声明时，为了能够更快地理解它所代表的意义，可以在变量名称前额外加上识别字母，例如，数值变量可以命名为 iMoney、iDay 等；字符串变量可以命名为 sName、sHwf、sLabel 等；其中 i 表示 integer，s 表示 string。其他的数组、对象也以相似的命名方式进行命名。

ActionScript 把名称由相同字母组成，而大小写不同的变量视为相同的变量。例如，hwf、Hwf、HWF 是相同的变量。另外，自定义的变量名称不要和关键字相同。

5. 变量的作用区域

变量的作用区域是指能够识别和引用该变量的区域。ActionScript 中有局部变量和全局变量之分，全局变量在整个动画的脚本中都有效，而局部变量只在它自己的作用区域内有效。声明局部变量需要用到 var 语句。例如，在下面的例子中，i 是一个局部的循环变量，它只在函数 init 中有效。

```
function init(){
    var i;
    for(i=0; i<10; i++){
        randomArray[i] = random(100);
    }
}
```

局部变量可以防止名称冲突，而名称冲突可能会导致致命的程序错误。例如，如果使用 name 作为局部变量，就可以在一个脚本中用它来存储用户名，而在另一个脚本中存储电影剪辑实例名，它们之间不会发生冲突，因为这些变量存在于相对独立的范围内。

在函数体内最好使用局部变量。这样，这个函数就可以作为一段独立的代码。局部变量仅在它的代码块中是可变的。如果函数内的一个表达式使用了一个全局变量，在该函数以外的某些操作可能会改变它的值，因而也就可能改变了该函数。

此外，函数的参数也将作为该函数的一个局部变量来使用，例如：

```
x=3;
function test (x)
{
    x=1;
    a=x;
}
```

test(x)

程序执行之后的结果是 a=1，x=3。从这个例子可以看出，test 函数中的 x 参数的确是作为函数内部的局部变量来处理了。

6．在脚本中使用变量

在脚本中使用变量时，首先要声明它，然后才能在表达式中使用这个变量。如果在脚本中使用了一个没有声明的变量，如下面的语句，该变量的值就是 undefined，将产生一个错误。

gotoAndPlay(aFrame);

其中 aFrame 是一个标签，因为 aFrame 没有被声明，gotoAndPlay 将会被错误地执行，跳转到一个不确定的位置。

可以在脚本中多次改变一个变量的值。这个变量包含的数据类型将影响它怎样变化和何时变化。在下面的例子中，x 被设为 15，且它的值被复制给 y。当 x 变为 30 时，y 的值仍然是 15，因为 y 并没有从 x 中取值。y 存储的是传递给它的 x 的值。

var x = 15;

var y = x;

var x = 30;

再看一个例子：变量 in 存储了一个原始值 9。因此，该实际值被传递给 sqrt 函数，返回值是 3。

```
function sqrt(x) {
  return x * x;
}
var in = 9;
var out = sqrt(in);
```

在上面的例子中，把变量 in 的值 9 传递出去，而变量 in 本身的值没有改变。这种值的传递方式称为传值。

5.2　ActionScript 3.0 之运算、语句与语法

5.2.1　表达式与运算符

运算符是执行计算的特殊符号，它包含一个或多个操作数，并返回相应的值。

1．数值运算符

数值运算符（见表 5-2-1）可以执行加、减、乘、除及其他的数字运算。

表 5-2-1　数值运算符

运算符	执行的运算
+	加
−	减
*	乘
/	除
=	等于

续表

运算符	执行的运算
%	取模（取余数，5/2 商 2 余 1，那么 5%2=1）
++	递增
--	递减

要注意的是：增量运算符"++"，i++相当于 i=i+1，而 i++和++i 是不同的，++i 是先执行 i=i+1 后，再使用 i 的值，而 i++则恰恰相反。数值运算符的优先级别与一般的数学公式中的优先级别相同。

2．逻辑运算符

逻辑运算符是对布尔值（True 和 False）进行比较，然后根据比较结果返回一个新的布尔值。逻辑运算符如表 5-2-2 所示，按优先级递减的顺序列出了逻辑运算符。

表 5-2-2　逻辑运算符

运算符	执行的运算
&&	逻辑"与"
||	逻辑"或"
!	逻辑"非"

如果进行的是"与"运算，则必须所有操作数都为 True 时，结果才为 True；只有一个操作数为 False，结果就为 False。

如果进行的是"或"运算，只要有一个操作数都为 True 时，结果就为 True；只有所有操作数都为 False，结果才为 False。

3．关系运算符

使用关系运算符可以对两个表达式进行比较，根据比较的结果，得到一个 True 或者 False 值。关系运算符（见表 5-2-3）中所有运算符的优先级别相同。

表 5-2-3　关系运算符

运算符	执行的运算
<	小于
>	大于
<=	小于等于
>=	大于等于
==	相等
! =	不相等

4．赋值运算符

赋值运算符则主要用来为变量赋值，也有两个操作数，根据一个操作数的值对另一个操作数进行赋值。在使用赋值运算符时，其左侧必须是变量或者属性，例如：

myName="张三"；

trace(myName);

常见的赋值运算符如表 5-2-4 所示。

表 5-2-4　赋值运算符

运算符	执行的运算	运算符	执行的运算
=	赋值	<<=	按位左移位并赋值
+=	相加并赋值	>>=	按位右移位并赋值
−=	相减并赋值	>>>=	按位无符号右移位赋值
*=	相乘并赋值	^=	按位"异或"赋值
%=	取模并赋值	|=	按位"或"赋值

5.2.2　ActionScript 的语法

1．点语法

点语法是 ActionScript 最基本的语法之一，点语法表达式以对象或影片剪辑的名称开头，后面跟着一个点（.），最后以要指定的元素结尾，用来指向对象或影片剪辑的属性和方法，或者指向一个影片剪辑或变量的目标路径，如：

flower._alpha；//其中，"_alpha"是对象的属性，指向该对象的透明度。

2．斜杠语法

斜杠（/）语法应用于早期的 Flash3 和 Flash4 中，在 ActionScript 中的作用与点语法较为相似，也是用来指向一个影片剪辑或变量的目标路径，通常与"："搭配，用来表示一个电影剪辑的属性和方法，如"1_mc"中的"2_mc"的变量 i，则可使用以下代码表示：

1_mc/2_mc：i

3．大括号

在 ActionScript 中，使用大括号 { } 将事件、类定义和函数组合成块，或者把程序分成一个个模块，例如：

on (release) {s=Number(a)+Number(b)；}

大括号必须成对出现，其中可以将左大括号与声明放在同一行，也可以将左大括号放在声明的下一行。

4．小括号

当定义一个函数时，其中的相关参数以及变量要放在小括号里，例如：

Unction Line(x1,y1,x2,y2){ ••• }

5．分号

ActionScript 语句以分号（；）表示语句的结束。

var myNum:Number = 50；

myclip._alpha = myNum；

在编程过程中也可以省略分号，ActionScript 编译器会认为每行代码表示单个语句。但是为了代码的可读性，最好还是使用分号。

6．注释

在编写代码时，可以使用通俗的语言为代码进行注释，便于他人理解代码的含义，也有利于程序员对整个程序的架构有更好的控制。

一般都在"//"后面添加说明文字。

如果在 Flash 中启用了语法着色，注释在默认情况下为灰色。注释可以具有任意长度，且不会影响导出文件的大小，并且它们不必遵循 ActionScript 语法或关键字的规则。

7．大小写字符

在 ActionScript 中，只有关键字、类名、变量等区分大小写，其他字母大小写等效。

5.2.3　ActionScript 的语句

在 ActionScript 脚本中，常用的结构程序执行方式有 3 种：顺序执行、条件控制和循环控制。

1．顺序执行

按照语句编写的先后顺序，逐句向下执行。

2．条件控制

If　条件　<语句块 1>（TRUE　　执行）
　　　　　　　　　　（FALSE　跳过）

Else　　<语句块 2>

语句的执行依赖于条件的判断，<语句块 1>是在 if 条件满足后执行的语句，<语句块 2>是无法满足条件时执行的语句，并且在 ActionScript 中，if 语句可以有多条，根据不同条件的结果，执行相应分支。

3．循环控制

在循环语句中，只要条件为真，就会一直重复执行这段语句块，直到条件不满足，退出循环。

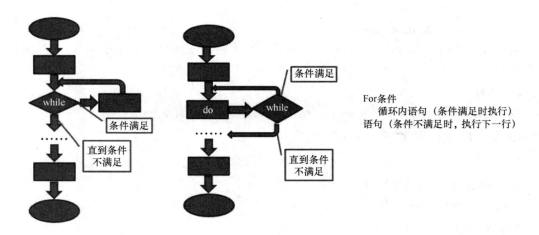

For条件
　循环内语句（条件满足时执行）
　语句（条件不满足时，执行下一行）

5.3　代码片段

本节课要求掌握代码片段的内容及应用，代码片段是把不同功能的代码分别用模板的形式集合，能实现若干个常见交互动画功能的程序代码段，方便调用。对于初学者，编写代码需要借助一些工具，Animate 中内置了一些代码片段，比较适合初学者。

单击【窗口】的【代码片段】后，在【代码片段】面板选择需要的代码即可。

每个代码片段都附带简要说明，介绍如何使用及修改代码。使用代码片段可以快速地为作品添加简单的交互功能，帮助学习者了解代码的语法标准和构造方式。

现在我们通过实例了解代码片段的使用。

（1）首先打开软件，新建一个 ActionScript 3.0 文档，导入一张背景图片，如图 5-3-1 所示。

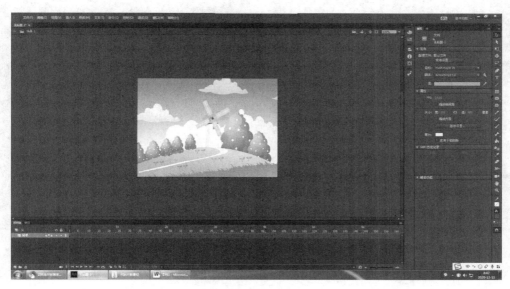

图 5-3-1　导入图片

（2）把时间轴上的【图层 1】命名为"背景"，导入背景图片。

（3）在时间轴上新建一个名为"蝴蝶"的图层，导入蝴蝶元件，将元件拖到舞台左侧的位置，如图 5-3-2 所示。

图 5-3-2　添加元件

（4）单击菜单栏的【窗口】→【代码片段】命令，打开【代码片段】面板，如图 5-3-3 所示。

图 5-3-3 【代码片段】面板

（5）这里我们使用的是 ActionScript 代码，选择【动画】→【不断旋转】选项，右击，选择【添加到帧】。

（6）自动添加一个图层，名为 Actions1，包含刚才选中的代码片段，且弹出【动作】面板，如图 5-3-4 所示。

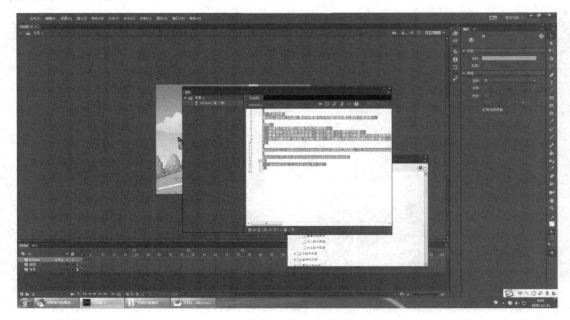

图 5-3-4 【动作】面板

（7）测试一下影片，如图 5-3-5 所示，会发现蝴蝶不停地旋转。

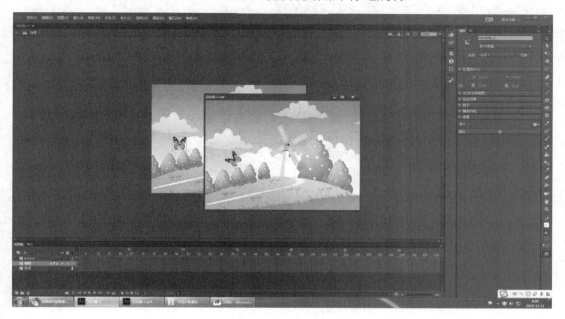

图 5-3-5　测试影片

（8）还没有实现从左到右飞舞的效果，重新选中蝴蝶元件，单击【代码片段】面板中的【动画】→【水平动画移动】选项，再次测试影片，如图 5-3-6 所示，发现蝴蝶从左向右旋转着飞出了窗口，未能实现循环飞舞，因此我们需要编辑代码，自行定义，将舞台大小设置成550×300，蝴蝶飞舞过程中，若超过舞台的右侧边界，则将蝴蝶的属性 x 定义为 0，如图 5-3-7所示。

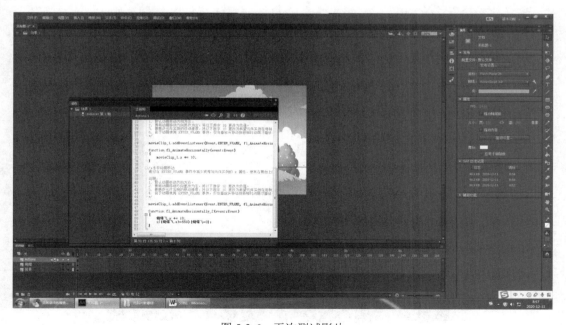

图 5-3-6　再次测试影片

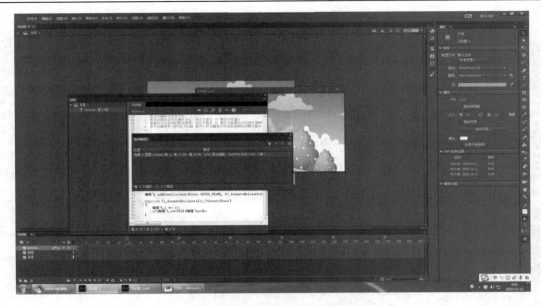

图 5-3-7　定义蝴蝶的属性值

　　要注意规范格式，不然会出现代码错误。当运行成功时，蝴蝶持续飞舞，这样就完成了一个连续的小动画。

5.4　交互动画之简单动作

　　（1）新建 Animate 文件，单击【文件】→【导入】→【导入到库】命令，将背景图片和小车图片导入到库，如图 5-4-1 所示。

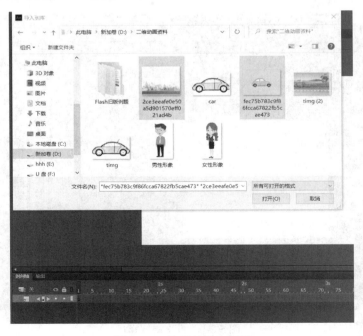

图 5-4-1　将素材导入到库

（2）新建 4 个图层，分别命名为：背景、小车、按钮、actions，如图 5-4-2 所示。

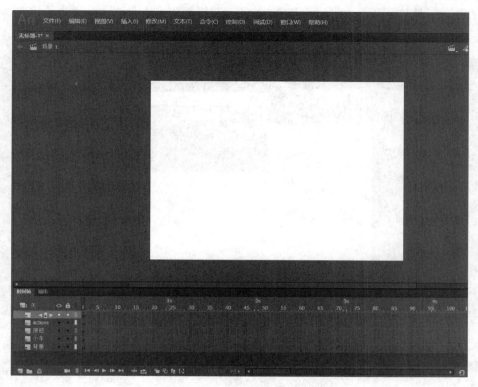

图 5-4-2　新建图层

（3）新建一个图形元件，命名为"小车 1"，在该元件中将库中的"小车"图片拖动到舞台中心，如图 5-4-3 所示。

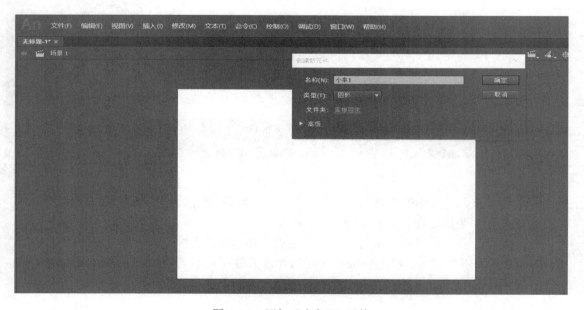

图 5-4-3　添加"小车 1"元件

（4）再新建一个影片剪辑元件，命名为"小车 2"，如图 5-4-4 所示，在该元件中将"小车 1"的图形元件拖入舞台中心，在第 30 帧插入关键帧，将小车移动到适当的位置，在两个关键帧之间创建传统补间，如图 5-4-5 所示。

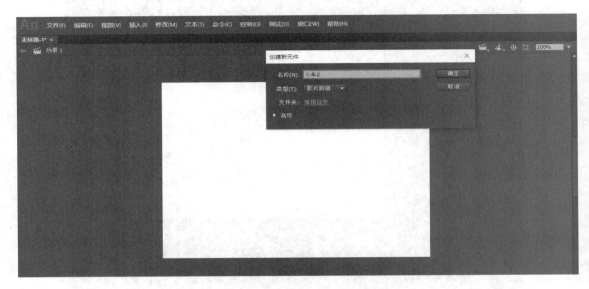

图 5-4-4　添加"小车 2"元件

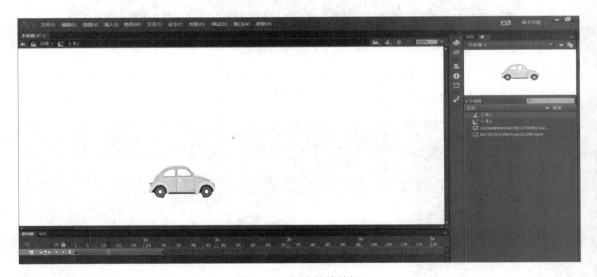

图 5-4-5　创建传统补间

（5）接下来，将库中的背景图片和"小车"影片剪辑元件分别拖入到"背景"和"小车"图层的第一帧。测试影片，效果如图 5-4-6 所示。

（6）下面，我们在【按钮】图层制作"播放"和"暂停"按钮。这里，我们主要使用的是 Flash 公用库中的按钮。我们将 Flash 中的按钮库文件拷贝下来，然后在 Animate 中执行【文件】→【导入】→【打开外部库】命令，导入"Buttons"文件，如图 5-4-7 所示。

图 5-4-6　测试影片

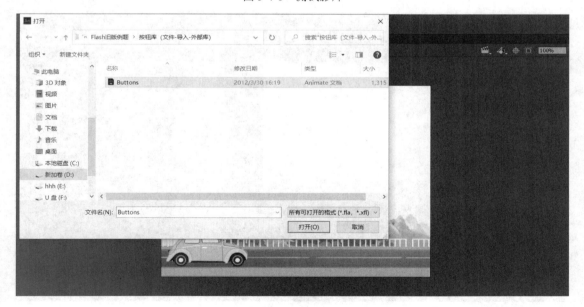

图 5-4-7　导入按钮文件

（7）打开【库】面板，里面有多种多样的按钮，我们选择【playback flat】文件夹，选择【flat blue pause】按钮并拖入舞台，再选择【flat blue play】并拖入舞台，如图 5-4-8 所示。

（8）为了便于编写脚本，我们要设置一下舞台中的实例名称。先选择小车的实例，在【属性】面板中设置实例名称为"car"；再选择"暂停"按钮，在【属性】面板中设置实例名称为"pause1"；最后选择"播放"按钮，在【属性】面板中设置实例名称为"play1"，如图 5-4-9 所示。

图 5-4-8　添加按钮图标

图 5-4-9　设置实例名称

（9）最后，我们来实现动画的交互。先选择【actions】图层的第 1 帧，打开【动作】面板，在其第一行输入"car.stop();"；使动画在播放开始时，小车是静止的，如图 5-4-10 所示。

（10）现在，我们设置一下影片播放的效果，先与前一个代码之间空出一行，在第 3 行中定义一个函数 function startcar，设一个参数，参数类型为鼠标事件，函数的返回值为 void，即无返回值，此函数的函数体为 car.play()，如图 5-4-11 所示。

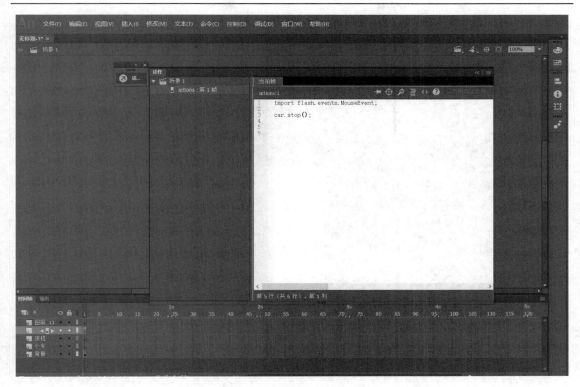

图 5-4-10　编写小车静止的代码

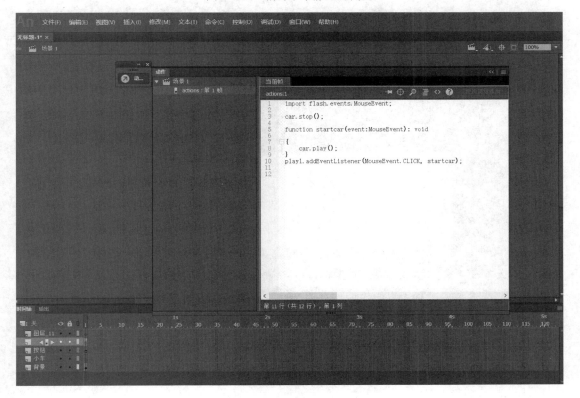

图 5-4-11　编写鼠标事件代码

（11）接下来，我们设置一下影片暂停的效果，与之前设置的播放按钮类似，先按 Enter 键，与前面的代码之间空出一行，再定义一个函数 function stopcar，编写与上一个函数类似的代码，如图 5-4-12 所示。

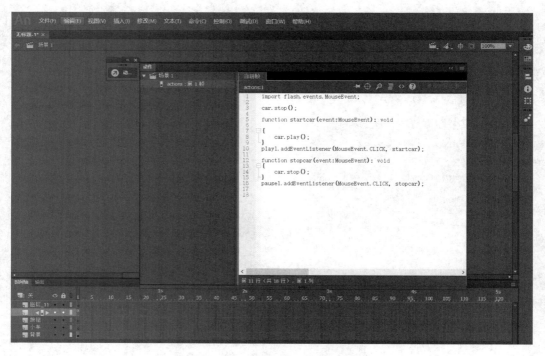

图 5-4-12　编写影片暂停的代码

（12）测试影片，如图 5-4-13 所示，单击播放按钮，开始播放影片；单击暂停按钮，就可以暂停影片。一个简单的小车行驶的影片就做成功了。

图 5-4-13　测试影片

5.5　交互动画之场景跳转

1．新建文档

打开软件，如图 5-5-1 所示。选择【新建】栏的【ActionScript 3.0】选项，创建一个新的空白文档。

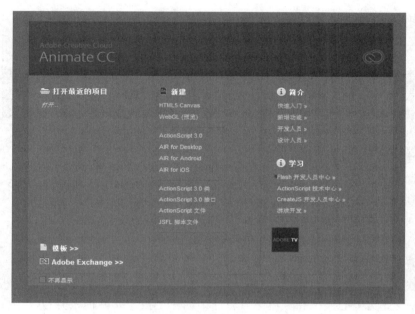

图 5-5-1　新建文档

2．保存文档并导入素材

（1）单击【文件】→【保存】命令（或者按组合键"Ctrl+S"）。在弹出的【另存为】对话框中输入文件名称"小池.fla"。单击【保存】按钮，保存当前的 Animate 文档。

（2）单击【文件】→【导入】→【导入到库】命令。在弹出的【导入到库】对话框中选择"小池"文件中所有 PNG 格式的图片素材。单击【打开】按钮，把所选择的 PNG 文件全部导入当前的【库】面板中。

3．创建场景 1

单击工作区中的【场景 1】按钮，返回到主场景中，创建 3 个图层，然后依次命名为"背景""内容""actions"。

1）制作按钮元件

（1）制作"内容"按钮元件

① 单击【插入】→【新建元件】命令（或者按组合键"Ctrl+F8"），在弹出的【创建新元件】对话框中，设置名称为"继续游戏"，类型为"按钮"。单击【确定】按钮，创建"内容"按钮元件。

② 在当前的"内容"按钮元件中，从【库】面板中将"内容.png"图片拖入舞台，如图 5-5-2 所示。

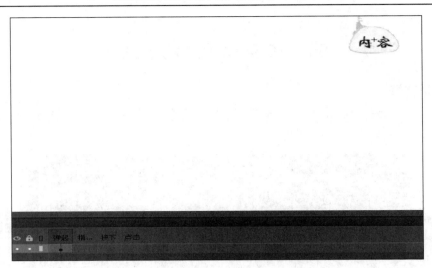

图 5-5-2　添加"内容.png"图片

（2）制作"作者"按钮元件

步骤同制作"内容"按钮元件。

（3）制作"解析"按钮元件

步骤同制作"内容"按钮元件。

2）整合元件到场景

在【背景】图层中将库中的背景拖到舞台上，并修改其大小，使其适应舞台大小；然后，在【内容】图层单击【文本工具】，在舞台上输入文字"小池"，在【属性】面板中选择【静态文本】，并设置文字的大小和颜色；再将库中的三个按钮元件拖入舞台，这样我们的第一个场景（主场景）就搭建好了，如图 5-5-3 所示。

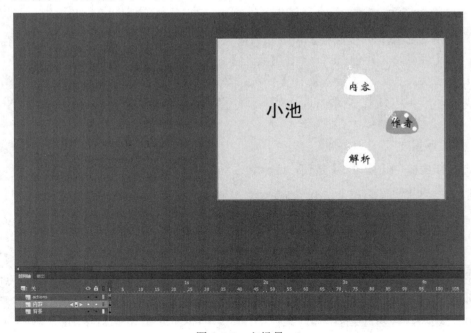

图 5-5-3　主场景

4．创建其他场景

选中菜单栏中的【窗口】→【其他面板】→【场景】，打开新场景的窗口，可以对场景进行重命名和增加场景。我们将场景 1 命名为"主页"，再增加三个场景，分别命名为"内容""作者""解析"。然后，选择"内容"场景，新建"内容""actions"图层，接着，在"内容"图层中添加内容，并设置其大小和调整位置，再对另外两个场景进行类似的操作，如图 5-5-4 至图 5-5-7 所示。

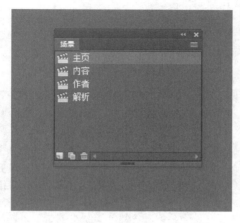

图 5-5-4　添加场景

图 5-5-5　编辑"内容"场景

图 5-5-6 编辑"作者"场景

图 5-5-7 编辑"解析"场景

5．添加按钮元件

1）设置按钮元件实例名称

在主页场景中单击【内容】图层中的"内容"按钮元件，在其【属性】面板中设置实例名称为"poem"；然后单击"作者"按钮元件，在其【属性】面板中设置实例名称为"poet"；最后单击"解析"按钮元件，在其【属性】面板中设置实例名称为"jiexi"。

2）为"主页"场景的按钮元件添加动作代码

我们在所有场景的【actions】图层的第 1 帧右击，选择【动作】命令，弹出代码编辑窗口，先输入"stop（）;"，使其开始时是暂停的状态；然后，回到主页场景的【动作】面板，空出一行，建立 poem.的 CLICK 的侦听器，并命名函数为"scene2"；接着在下一行中定义一个函数 function scene2，设一个参数，参数类型为【事件】，函数的返回值为 void，即无返回值。函数体为 goto And Play1，此函数的目的是：在调用此函数时，从主页场景跳转到"内容"场景的第 1 帧。

在实现从主页场景跳转到"作者"和"解析"场景时，操作与此类似，但在脚本编写的过程中一定要避免函数名和按钮名相同，否则会出现错误。因此，我们将侦听器中的函数分别命名为"scene3""scene4"，按钮名分别改成"point""jiexi"，函数体中的内容分别改成"作者"和"解析"，如图 5-5-8 所示。

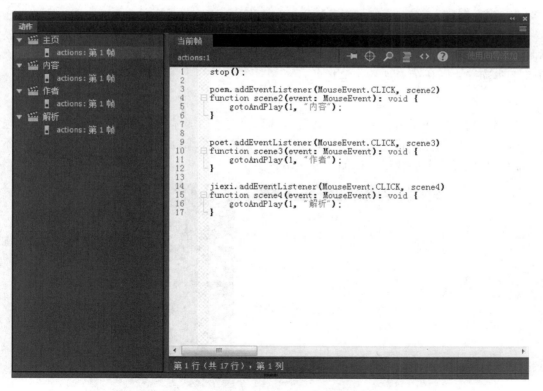

图 5-5-8　为"主页"场景的按钮元件添加动作代码

3）在其他场景添加"返回"按钮

在按钮的【内容】图层的第 1 帧拖入"返回"按钮，并在【属性】面板命名为"back1"，然后在【actions】图层的第 1 帧选择【动作】，输入和主页场景类似的代码，修改相应的参数，这样我们就实现了返回的功能。下面我们也对其余两个场景分别进行相同的操作，但要注意"返回"的按钮名要修改为"back2""back3"，避免因重名而导致错误，如图 5-5-9 所示。

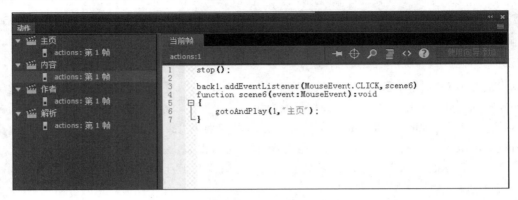

图 5-5-9　给"返回"按钮添加代码

5.6　交互动画之组件动画

1．组件简介

组件是预先构建的 Animate 元素，是带有参数的影片剪辑，其外观和行为可以通过设置相应的参数进行修改。它可以帮助用户在不编写 ActionScript 的情况下，方便而快速地添加所需的界面元素，比如单选按钮等控件。

1）组件的添加

选择【窗口】→【组件】命令，在【组件】面板中添加需要的组件，可以将某组件选中后拖到舞台中的任意位置，如图 5-6-1 所示。如果需要在舞台中创建多个相同的组件，还可以将组件拖到【库】面板中，以便反复使用。

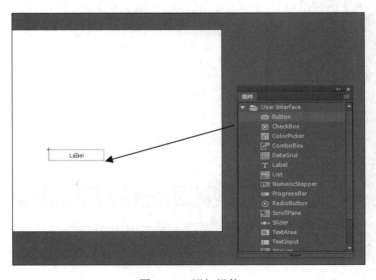

图 5-6-1　添加组件

2）组件的参数设置

在添加组件后，该组件就成为一个组件实例，要使它发挥功能，还需要设置参数。选中组件后，选择【窗口】→【组件参数】命令，打开【组件参数】面板，进行相应的设置即可，如图 5-6-2 所示。

图 5-6-2　设置组件的参数

3）组件类别

【组件】面板中提供的组件分为以下 4 类。

① 数据（Data）组件。使用数据组件可加载和处理数据源中的信息。

② 媒体（Media）组件。使用媒体组件能够很方便地将流媒体加到 Flash 中，并对其进行控制。

③ 用户界面（UI）组件。利用用户界面组件可以方便地创建复杂的交互界面，实现与应用程序之间的交互。

④ Video 组件。使用 Video 组件可方便地设置多媒体组件，并通过这些组件与各种多媒体制作软件、播放软件等进行交互操作。Video 组件主要包括 FLVPlayback、FLVPlaybackCaptioning、BackButton、PlayButton、SeekBar、PlavPauseButton、VolumeBar 以及 FullScreenButton 等。

2．组件动画实例

（1）新建 Animate 文档，将背景图片导入到库。

（2）新建"背景""标题""动态文本""actions"四个图层，如图 5-6-3 所示。

（3）单击"背景"图层，从库中将背景图片拖到舞台上，调整大小，使其铺满整个舞台，如图 5-6-4 所示。

（4）在【标题】图层第 1 帧插入文本框，在【属性】面板中选择【静态文本】类型，设置文字大小和颜色，如图 5-6-5 所示。

（5）在文本框中输入标题文字"《陋室铭》"，并用【选择工具】将其调整到舞台的适当位置，如图 5-6-6 所示。

图 5-6-3　新建图层

图 5-6-4　添加背景图片

图 5-6-5　插入静态文本

图 5-6-6　输入标题文字

（6）在【动态文本】图层第 1 帧插入文本框，在【属性】面板中选择【动态文本】类型，调整文字大小为 25 磅，行为"多行"或"多行不换行"，如图 5-6-7 所示。

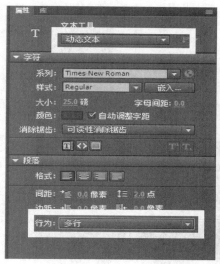

图 5-6-7　插入动态文本

图 5-6-8　设置实例名称

（7）将动态文本的实例名称设为"shi"，如图 5-6-8 所示。

（8）在【动态文本】图层的第 1 帧添加 UIScrollBar 组件，先选择菜单栏中的【窗口】→【组件】，打开【组件】面版，选择 UserInterface 类中的 UIScrollBar 组件，如图 5-6-9 所示，并把它拖到舞台中，移动到适当的位置。

（9）移动组件，使其与文本框贴紧或重叠，在【组件参数】面板中勾选 visible，以显示参数，在 scrollTargetName 中输入"shi"，如图 5-6-10 所示。

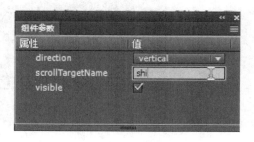

图 5-6-9　选择 UIScrollBar 组件　　　　　　　图 5-6-10　设置组件参数

（10）接下来设置动态文本框的内容，在【actions】图层的第 1 帧右击，选择【动作】命令，如图 5-6-11 所示。

图 5-6-11　打开【动作】面板

（11）在【动作】面板中输入动态文本框的名称及其内容，如图 5-6-12 所示。

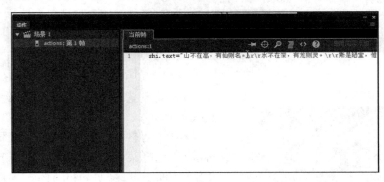

图 5-6-12　输入动态文本框的名称及内容

（12）测试影片，如图 5-6-13 所示。

图 5-6-13　测试影片

5.7　交互动画之电子时钟

（1）新建一个 Animate 文档，将背景图片导入到库，再创建三个图层，如图 5-7-1 所示。

（2）分别将三个图层命名为"背景""内容""actions"，如图 5-7-2 所示。

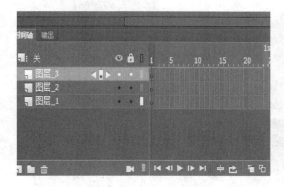

图 5-7-1　新建三个图层

图 5-7-2　重命名三个图层

（3）选中【背景】图层的第 1 帧，将库中的背景图片拖入舞台，调整图片的大小，如图 5-7-3 所示。

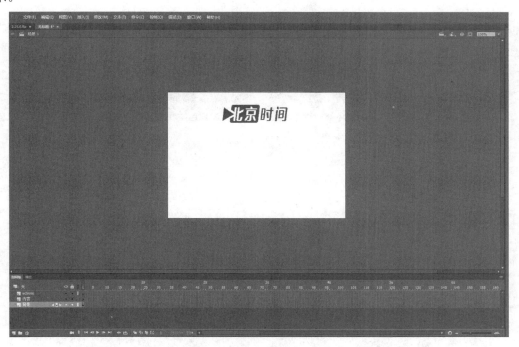

图 5-7-3　将背景图片拖入舞台

（4）在【内容】图层的第 1 帧，选择【工具箱】中的【文本工具】，在【属性】面板中选择【静态文本】，再在舞台上拖入一个文本框，输入文字"年"，然后在【属性】面板中设置文字的大小和颜色，再对文本框的大小进行调整，如图 5-7-4 所示。

图 5-7-4　添加静态文本

（5）通过"复制""粘贴"，再绘制 4 个一样的文本框，并将文本框的内容分别修改为"月""日"":"":"。然后将这 5 个文本框的位置进行调整，如图 5-7-5 所示。

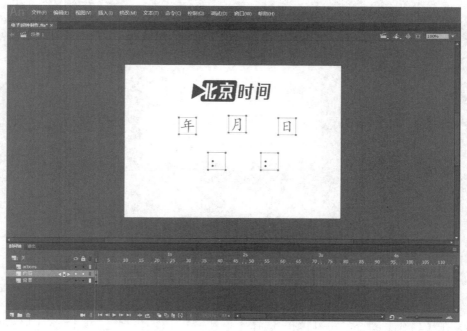

图 5-7-5　复制 4 个同样的文本框

（6）选择【工具箱】中的【文本工具】，在【属性】面板中选择【动态文本】，再在舞台上拖入一个适当大小的文本框，为了更好地确定文本框的效果，可以先在文本框中输入两位

数 "00"，在文本框的【属性】面板中设置文字的颜色和大小，在【消除锯齿】中选择【使用设备字体】，设置完成后，再适当地调整文本框的大小，如图 5-7-6 所示。

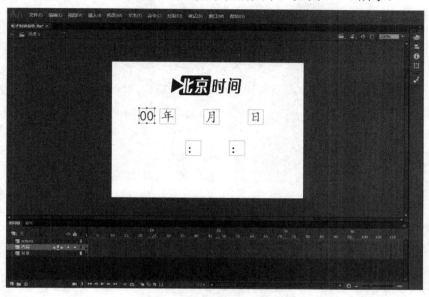

图 5-7-6　添加动态文本

（7）再复制 5 个一样的文本框，因为年份的数字有四位，所以将第一个文本框的内容修改为 "0000"，并调整文本框的大小，然后再将这 6 个动态文本框分别拖到相应的静态文本前面，并保持适当的距离。为了更加美观，再将文本框进行适当的对齐处理：选中第一行的所有文本框，单击菜单栏中的【修改】→【对齐】，再依次选择【底对齐】和【按宽度均匀分布】，然后选中下面一行的所有文本框，进行相同的操作，使其对齐，效果如图 5-7-7 所示。

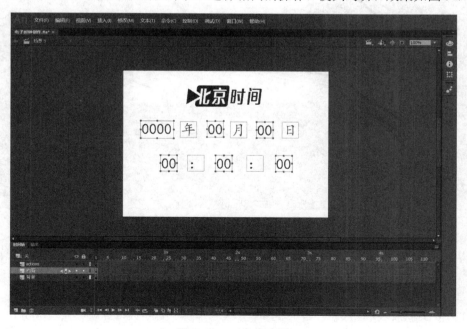

图 5-7-7　对齐文本框

（8）依次将各动态文本重命名为"year""month""date""hour""minutes""seconds"，如图 5-7-8 所示。

图 5-7-8　重命名动态文本

（9）选中【actions】图层的第 1 帧，打开【动作】面板，先在第一行中输入"nowdate=new Date();"，如图 5-7-9 所示。目的是新建一个函数对象 nowdate，返回一个新建的 date 对象，而 new Date 的函数的意思是获取当前时间。

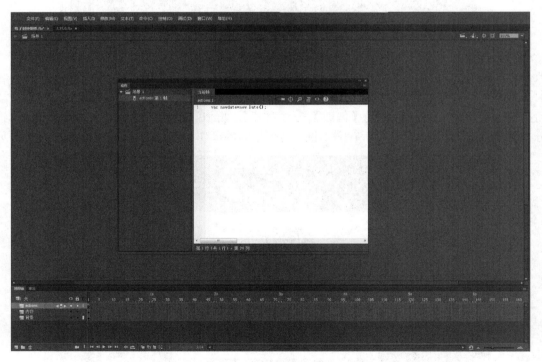

图 5-7-9　输入获取当前时间的函数

（10）编辑动态文本框中的内容，以"year"动态文本框为例，在第二行中输入"year.text=nowdate.getfullyear();"，此函数的意思是获取当前的年份，并在"year"的动态文本框中显示，如图 5-7-10 所示。

（11）依次输入获取"月""日""小时""分""秒"的函数，分别为 getMonth，getDate，getHours，getMinutes，getSeconds，如图 5-7-11 所示。

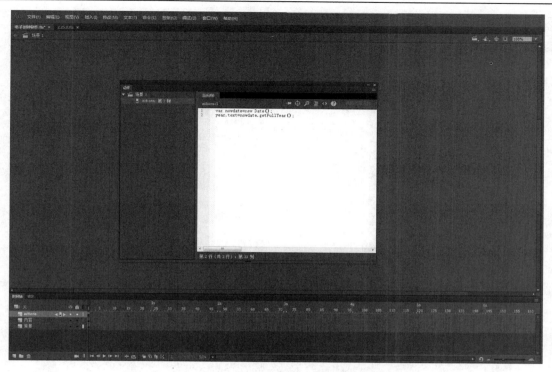

图 5-7-10　在第二行中输入显示年份的函数

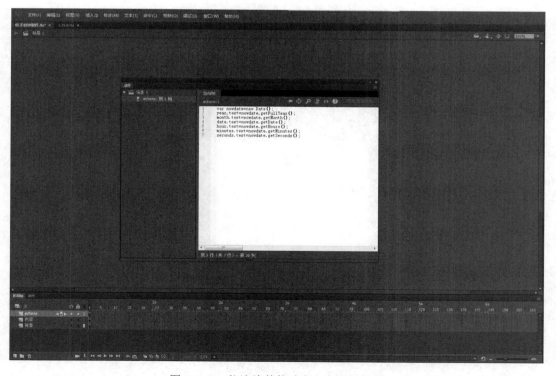

图 5-7-11　依次给其他动态文本添加函数

（12）要注意的是，因为月份在 as3.0 的脚本中是从 0 开始的，所以我们写代码时要对月份对应的函数+1，如图 5-7-12 所示。

图 5-7-12 对月份对应的函数+1

（13）测试影片，如图 5-7-13 所示。

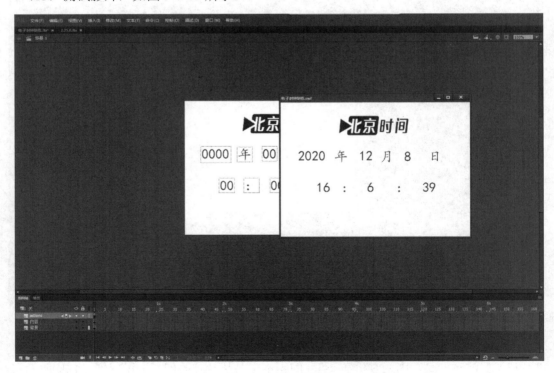

图 5-7-13 测试影片

（14）我们发现，时间不能实时更新，而是停止的，因此需要在每个图层各插入一帧，然后再测试影片，就会发现时间每时每刻都在刷新，如图 5-7-14 所示。

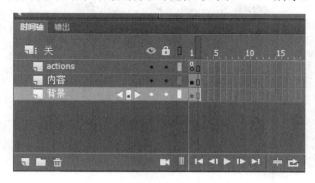

图 5-7-14　添加帧，使时间实时刷新

5.8　交互动画之综合实例

这一节我们将制作一个多变花朵的交互动画。

（1）新建文档，将【图层 1】重命名为"茶花"，插入【图层 2】并重命名为"actions"，如图 5-8-1 所示。

（2）选中【茶花】图层的第一帧，将茶花图片导入舞台，并调整至合适的大小，如图 5-8-2 所示。

图 5-8-1　添加图层　　　　　　　　　　图 5-8-2　添加茶花图片

（3）将茶花图片转化为影片剪辑元件，命名为"茶花"，如图 5-8-3 所示。

图 5-8-3　将图片转换为影片剪辑元件

（4）依次添加 3 个按钮元件，分别命名为"放大""缩小""旋转"，如图 5-8-4 所示。

图 5-8-4　添加按钮元件

（5）在库面板中双击"放大"按钮元件，单击【工具箱】中的【文本工具】，输入文字"放大"，如图 5-8-5 所示，将文本调整至舞台中央。

（6）在库面板中双击"缩小"按钮元件，单击【文本工具】，输入文字"缩小"，如图 5-8-6 所示，将文本调整至舞台中央。

（7）在库面板中双击"旋转"按钮元件，单击【文本工具】，输入文字"旋转"，如图 5-8-7 所示，将文本调整至舞台中央。

放大　　　　　　缩小　　　　　　旋转

图 5-8-5　输入文字"放大"　　　　图 5-8-6　输入文字"缩小"　　　　图 5-8-7　输入文字"旋转"

（8）返回场景 1，单击【茶花】图层的第 1 帧，依次将库中的"放大"按钮元件、"缩小"按钮元件和"旋转"按钮元件拖入舞台右侧，如图 5-8-8 所示。

（9）同时选中三个按钮元件，执行【修改】→【对齐】→【左对齐】和【按高度均匀分布】命令，如图 5-8-9 所示。

图 5-8-8　将三个按钮元件拖入舞台右侧　　　　图 5-8-9　将三个按钮元件对齐

（10）选中"放大"按钮元件，在【属性】面板中将实例名称设置为"da"，如图 5-8-10 所示。

（11）选中"缩小"按钮元件，在【属性】面板中将实例名称设置为"xiao"，如图 5-8-11 所示。

（12）选中"旋转"按钮元件，在【属性】面板中将实例名称设置为"zhuan"，如图 5-8-12 所示。

（13）选中"茶花"影片剪辑元件，在【属性】面板中将实例名称设置为"hua"，如图 5-8-13 所示。

图 5-8-10　设置"放大"按钮元件实例名称

图 5-8-11　设置"缩小"按钮元件实例名称

图 5-8-12　设置"旋转"按钮元件实例名称

图 5-8-13　设置"茶花"影片剪辑元件实例名称

（14）选中【actions】图层的第 1 帧，打开【动作】面板，如图 5-8-14 所示。

图 5-8-14　打开【动作】面板

（15）输入代码"stage.addEventListener (KeyboardEvent.KEY_DOWN,stage_1)"，使用系统自定义变量"stage"来控制舞台上的变量，如图 5-8-15 所示。

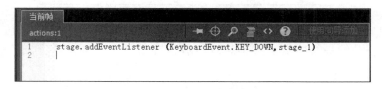

图 5-8-15　输入代码

（16）定义一个函数 stage_1，实现"茶花"元件的上下左右移动效果，如图 5-8-16 所示。

（17）与上一个函数之间空一行，建立"da"元件的侦听器，定义一个函数 da_1()，实现"茶花"元件的放大效果，如图 5-8-17 所示。

```
当前帧
actions:1                                    伸手向学习源
1    import flash.events.KeyboardEvent;
2
3    stage.addEventListener (KeyboardEvent.KEY_DOWN,stage_1)
4    function stage_1(e:KeyboardEvent ):void
5  ┌ {
6  │     if(e.keyCode==37)
7  │     {
8  │         hua.x-=5;
9  │     }
10 │     else if(e.keyCode==39)
11 │     {
12 │         hua.x+=5;
13 │     }
14 │     else if(e.keyCode==38)
15 │     {
16 │         hua.y-=5;
17 │     }
18 │     else if(e.keyCode==40)
19 │     {
20 │         hua.y+=5;
21 │     }
22 └ }|
```

图 5-8-16　实现上下左右移动效果

```
24
25    da.addEventListener(MouseEvent.CLICK,da_1)
26    function da_1(Event:MouseEvent ):void
27  ┌ {
28  │     hua.scaleX+=0.1;
29  │     hua.scaleY+=0.1;|
30  └ }
```

图 5-8-17　实现放大效果

（18）与上一个函数之间空一行，建立"xiao"元件的侦听器，定义一个函数 xiao_1()，实现"茶花"元件的缩小效果，如图 5-8-18 所示。

```
31
32    xiao.addEventListener(MouseEvent.CLICK,xiao_1)
33    function xiao_1(Event:MouseEvent ):void
34  ┌ {
35  │     hua.scaleX-=0.1;
36  │     hua.scaleY-=0.1;
37  └ }
```

图 5-8-18　实现缩小效果

（19）与上一个函数之间空一行，建立"zhuan"元件的侦听器，定义一个函数 zhuan_1()，实现"茶花"元件的旋转效果，如图 5-8-19 所示。

```
38
39    zhuan.addEventListener(MouseEvent.CLICK,zhuan_1)
40    function zhuan_1(Event:MouseEvent ):void
41  ┌ {
42  │     hua.rotation+=2;|
43  └ }
```

图 5-8-19　实现旋转效果

（20）多变花朵的最终效果如图 5-8-20 所示。

图 5-8-20　多变花朵的最终效果

第6章 Animate 综合课件制作

6.1 主场景界面设计

多媒体综合课件是一种程序化的多功能交互式操作演示程序，它集文本、图形、声音、视频、控件于一体，更加直观、形象，多媒体综合课件示例如图 6-1-1 所示。

图 6-1-1 多媒体综合课件示例

在图 6-1-1 所示的主界面上，可以看到标题文字、图片和导航按钮，同时可以发现，将鼠标指针移到图片上时，图片会放大。这里的图片实质上也是导航按钮，可以实现交互。

1）新建文件

（1）新建一个 Animate CC 文件，保持默认属性 ActionScript3.0。

（2）将场景 1 命名为"主场景"，再新建 4 个场景，分别命名为"红楼梦""西游记""水浒传""三国演义"，如图 6-1-2 所示。

2）制作标题

（1）首先制作一个影片剪辑元件，将名称改为"标题"，创建完成之后，新建 4 个图层，将图层的名称从下往上依次改为"四""大""名""著"，如图 6-1-3 所示。

图 6-1-2 新建场景

图 6-1-3 新建图层

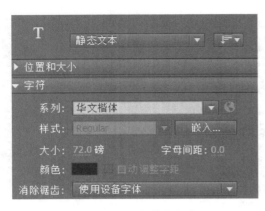

图 6-1-4　添加静态文本

（2）然后在【四】图层的第 5 帧插入关键帧，选择【文本工具】，默认静态文本，将系列设置为"华文楷体"，大小设置为【72 磅】，颜色设置为"黑色"，在消除锯齿中选择【使用设备字体】，如图 6-1-4 所示。

（3）为了使界面更加美观，可以为字体添加滤镜的效果，如投影、模糊、发光等。设置完成后，在舞台中输入文字"四"，然后复制这一帧，在【大】图层的第 15 帧粘贴帧，修改文字为"大"，再分别在【名】图层的第 25 帧和【著】图层的第 35 帧进行同样的操作，完成之后，对文字进行排列，并将所有图层都延长到第 45 帧，如图 6-1-5 所示。这

样就实现了标题文字逐个出现的效果。

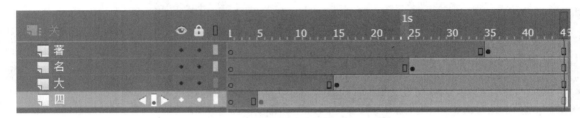

图 6-1-5　设置【标题】元件的 4 个图层

3）制作菜单按钮

（1）创建一个按钮元件，将名称改为"菜单按钮"。

（2）创建完成之后，选择【基本矩形工具】，在【属性】面板的【颜色】面板中选择【线性渐变】，选择合适的颜色，并根据需要调整透明度，在舞台上创建适当大小的矩形，调整【矩形选项】中面板的边角半径控件，使之成为圆角矩形。

（3）在【指针划过】帧插入关键帧，改变矩形的颜色，在【点击】帧插入帧，如图 6-1-6 所示，这样在指针划过按钮时，按钮会改变颜色。

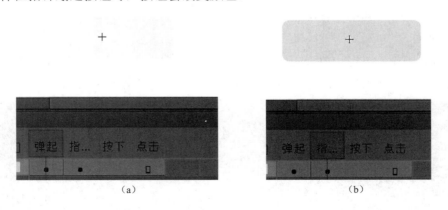

（a）　　　　　　　　　　　　　　（b）

图 6-1-6　制作菜单按钮

4）制作图片按钮

（1）将需要用到的图片都导入到库。

（2）创建一个按钮元件，将名称改为"红楼梦"，将图片拖入舞台，在【属性】面板将图片大小设置为：宽 120，高 85。

（3）选中【指针划过】帧，将图片大小设置为：宽 140，高 100，如图 6-1-7 所示，适当调整图片的位置。

（4）在【点击】帧插入帧，制作其他三个图片按钮的方法与之相同。

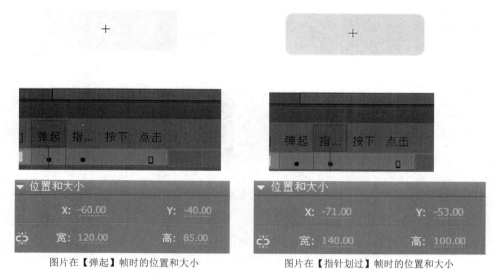

图片在【弹起】帧时的位置和大小	图片在【指针划过】帧时的位置和大小

图 6-1-7　制作图片按钮

6.2　主场景交互制作

本节的主要任务是将前面制作好的标题、菜单按钮、图片按钮进行排版，完成主场景的布置。

（1）打开上一节建好的 Animate 文件，将本节要用到的文件素材导入到库，并新建 6 个图层，分别命名为"背景""标题""图片""菜单按钮""文字""背景音乐"，如图 6-2-1 所示。

（2）选中背景图层，将背景图片拖入舞台，在【属性】面板中将尺寸设置为：宽 570，高 400，并将其改为图形元件，命名为"背景"。

图 6-2-1　新建图层

（3）将"标题"影片剪辑元件放置在【标题】图层的第 1 帧，在【图片】图层的第 45 帧处加入关键帧，将"红楼梦"影片剪辑放置在舞台的相应位置，分别在"图片"图层的第 65 帧、第 85 帧、第 105 帧处放置"西游记""水浒传""三国演义"影片剪辑，如图 6-2-2 所示。

（4）在【菜单按钮】图层中的第 110 帧处插入关键帧，在舞台底部放置四个菜单按钮元件，并使用对齐工具将其排列整齐，在【文字】图层的第 110 帧处插入关键帧，分别在菜单按钮上方输入对应的文字"红楼梦""西游记""水浒传""三国演义"，并调整到合适的位置，如图 6-2-3 所示。

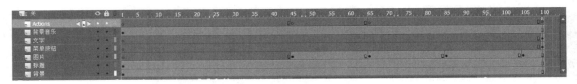

图 6-2-2 添加元件

图 6-2-3 添加菜单按钮

（5）为了使动画更赏心悦目，可以为它添加背景音乐。

① 首先将音乐素材导入库中，并创建新的影片剪辑元件，命名为"背景音乐"。

② 将音乐素材放入到元件中，然后在【背景音乐】图层中插入"背景音乐"影片剪辑元件，最后将所有的图层都延伸到 110 帧，并在最后一帧上添加"在此帧处停止"的动作代码。

③ 多媒体课件都拥有很强的交互作用，因此不能忘了动作代码的添加。选中"红楼梦"图片按钮，单击右键，选择【动作】命令，在弹出的【动作】面板中双击【单击以转到场景并播放】，根据自己的需要，将场景改为"红楼梦"，如图 6-2-4 所示，完成之后，对"红楼梦"菜单按钮进行同样的操作，另外三个场景切换的代码设置与之大同小异。

图 6-2-4 为按钮添加代码

6.3　分场景界面设计与制作

上节完成了主场景的构建，下面开始"红楼梦"分场景的创建。

分场景"红楼梦"主要包括三个部分："作者简介""开篇诗词""欣赏"。

1．"作者简介"部分的设计与制作

（1）先将本节所需要的素材导入库，创建一个影片剪辑，将名称改为"作者简介"。

（2）新建两个图层，分别命名为"图片"和"文字"，在【图片】图层插入图形元件"曹雪芹"，将图片缩小，放置在合适的位置。在第 40 帧处插入关键帧，将图片适当放大，选中图片，连按两次组合键"Ctrl+B"，将图片分离，然后在第 1～40 帧之间创建补间形状，这样就实现了图片由小到大的变化。

（3）在【文字】图层，通过【文本工具】输入相应的文字内容，如图 6-3-1 所示，在【文字】图层的上方新建一个图层，单击右键，选择【遮罩层】命令，使该图层变成遮罩层。这时会发现【文字】图层被锁定，需要解开，然后在文字上方添加遮罩。

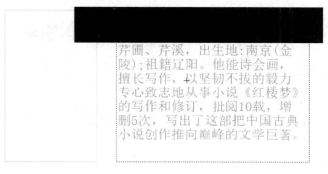

芹圃、芹溪，出生地:南京(金陵);祖籍辽阳。他能诗会画，擅长写作，以坚韧不拔的毅力专心致志地从事小说《红楼梦》的写作和修订，批阅10载，增删5次，写出了这部把中国古典小说创作推向巅峰的文学巨著。

图 6-3-1　添加文字

（4）在最后一帧上添加动作脚本"在此帧处停止"。

2．"开篇诗词"部分的设计与制作

（1）新建一个影片剪辑元件，将名称改为"开篇诗词"，同样新建两个图层，分别命名为"文字"和"图片"。

（2）在【文字】图层中输入相应的文字，在【图片】图层的第 51 帧插入关键帧，放入图片，将图片转化为影片剪辑元件后，根据自己的需要调整图片。

（3）再在最后一帧处添加"在此帧处停止"动作脚本。

3．"欣赏"部分的设计与制作

（1）将本节所需要的素材导入到库。

（2）创建"欣赏"影片剪辑元件，在该元件中新建三个图层，分别命名为"贾宝玉图片""林黛玉图片""薛宝钗图片"，如图 6-4-1 所示，然后分别将图片添加到对应的图层，并将这些图片转化成对应的图形元件。

（3）创建传统补间动画，实现图片飞进来的动画效果。

（4）在三个图片图层的下方分别新建一个图层，在图片相应的位置插入对应人物的名字，如图 6-4-2 所示。

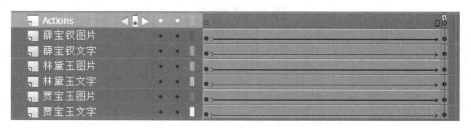

图 6-4-1　新建图层

图 6-4-2　添加人物名字

（5）在（Actions）图层最后一帧插入"在此帧处停止"的代码片段。

4．三部分的交互制作

现在三个部分的影片剪辑都已经完成，开始界面的构建。

（1）新建 5 个图层，分别命名为"背景""标题""图片""按钮""文字"，如图 6-4-3 所示。

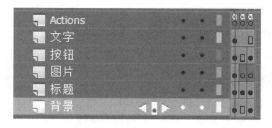

图 6-4-3　新建图层

（2）在【背景】图层插入"背景"图形元件；在【标题】图层使用【文本工具】输入文字"红楼梦"，并在【属性】面板调整字体的大小、颜色和效果；在【图片】图层的第 1 帧插入"作者简介"影片剪辑元件，在第 2 帧插入"开篇诗词"影片剪辑元件，在第 3 帧插入

"欣赏"影片剪辑元件，在【按钮】图层依次插入公用库的按钮，再把按钮放置在相应的位置即可。

（3）在【文字】图层配上相应的文字："作者简介""开篇诗词""欣赏""返回"，分别将按钮和文字对齐，如图 6-4-4 所示。

图 6-4-4　输入文字

（4）将所有图层都延长到第 3 帧，并在每一帧的上方都添加"在此帧处停止"的代码片段，在"作者简介"按钮上添加代码片段"单击以转到帧并播放"，即第 1 帧，同样，在"开篇诗词"和"欣赏按钮"上添加代码片段"单击以转到帧并播放"，即第 2 帧和第 3 帧。

（5）在"返回"按钮上添加代码片段"单击以转到场景并播放"，并将默认的场景设置修改为主场景。

（6）"红楼梦"场景的基本设置已经完成，如图 6-4-5 所示。"西游记"、"水浒传"和"三国演义"三个场景的布置，可参照"红楼梦"场景进行设计。

图 6-4-5　"红楼梦"场景